உப்பிட்டவரை...

உப்பிட்டவரை...
தமிழ்ப் பண்பாட்டில் உப்பு

ஆ. சிவசுப்பிரமணியன் (பி. 1943)

தமிழகத்தின் முக்கியமான சமூக விஞ்ஞானிகளுள் ஒருவர். நாட்டார் வழக்காற்றியல், அடித்தள மக்கள் வரலாறு ஆகிய துறைகளில் பல நூல்கள் எழுதியுள்ளார். நீண்டகாலமாக நாட்டார் வழக்காற்றியல் துறையில் ஆர்வத்துடன் ஈடுபட்டுவருகிறார். இந்திய விடுதலைப் போராட்ட வரலாற்றில் தமிழகத்தின் பங்களிப்பு குறித்து ஆராய்வதிலும் ஆர்வம் கொண்டவர். பேராசிரியர் நா. வானமாமலையின் மாணவர்.

இத்துறையில் இவரது பங்களிப்பைப் பாராட்டி, தமிழ்நாடு முற்போக்கு எழுத்தாளர் கலைஞர் சங்கம் வாழ்நாள் சாதனையாளர் விருது வழங்கியுள்ளது. அமெரிக்கத் தமிழர்களின் 'விளக்கு' இலக்கிய அமைப்பு இவருக்கு 2018ஆவது ஆண்டுக்கான புதுமைப்பித்தன் இலக்கிய விருது வழங்கிப் பாராட்டியுள்ளது. தஞ்சைத் தமிழ்ப் பல்கலைக்கழகம் 2019இல் மதிப்புறு முனைவர் பட்டம் வழங்கிச் சிறப்பித்துள்ளது.

ஆசிரியரின் பிற நூல்கள்

- பொற்காலங்கள் – ஒரு மார்க்ஸிய ஆய்வுரை (1981)
- அடிமைமுறையும் தமிழகமும் (1984)
- வ.உ.சி.யும் முதல் தொழிலாளர் வேலைநிறுத்தமும் (1986)
- ஆஷ் கொலையும் இந்தியப் புரட்சி இயக்கமும் (1986, 2009)
- மந்திரமும் சடங்குகளும் (1988, 1999)
- பின்னி ஆலை வேலைநிறுத்தம், 1921 (1990)
  (இணையாசிரியர்: ஆ. இரா. வேங்கடாசலபதி)
- எந்தப் பாதை (2000)
- வ.உ.சி. – ஓர் அறிமுகம் (2001)
- கிறித்தவமும் சாதியும் (2001)
- தமிழ் அச்சுத் தந்தை அண்ட்ரிக் அடிகளார் (2003)
- அடித்தள மக்கள் வரலாறு (2003)
- தமிழகத்தில் அடிமைமுறை (2005)
- நாட்டார் வழக்காற்றியல் அரசியல் (2006)
- பஞ்சமனா பஞ்சயனா (2006)
- தோணி (2007)
- கிறிஸ்தவமும் தமிழ்ச் சூழலும் (2007, 2010)
- கோபுரத் தற்கொலைகள் (2007)
- வரலாறும் வழக்காறும் (2008)
- ஆகஸ்ட் போராட்டம் (2008)
- வரலாறுப் பொருள்முதல்வாதம் – ஓர் அரிச்சுவடி (2008)
- இனவரைவியலும் தமிழ் நாவல்களும் (2009)
- பண்பாட்டுப் போராளி – நா. வானமாமலை (2010)
- தமிழ்க் கிறித்தவம் (2014)
- பனை மரமே! பனை மரமே! (2016)
- ஆணவக் கொலைச் சாமிகளும் பெருமிதக் கொலை அம்மன்களும் (2022)

பதிப்பு

- பூச்சியம்மன் வில்லுப்பாட்டு (1989)
- தமிழக நாட்டுப்புறப் பாடல் களஞ்சியம் (தொகுதி 10) (2003)
- தமிழக நாட்டுப்புறக் கதைக் களஞ்சியம் (தொகுதி 10) (2004)
- உபதேசியார் சவரிராய பிள்ளை 1801–1874 (2006)
- கல்லறை வாசகப்பா – கூத்து நாடகம் (2007)
- பெரியநாயகம் பிள்ளை தன் வரலாறு (2008)

குறுநூல்கள்

- எந்தப் பாதை (1992)
- தர்காக்களும் இந்து இஸ்லாமிய ஒற்றுமையும் (1997)
- பிள்ளையார் அரசியல் (1999)
- சமபந்தி அரசியல் (2000)
- பண்பாட்டு அடையாளப் போராட்டங்கள் (2000)
- மதமாற்றத்தின் மறுபக்கம் (2002)
- விலங்கு உயிர்ப்பலித் தடைச் சட்டத்தின் அரசியல் (2003)
- புதுச்சேரி தந்த நாட்குறிப்புகள் (2006)

ஆ. சிவசுப்பிரமணியன்

உப்பிட்டவரை...
தமிழ்ப் பண்பாட்டில் உப்பு

காலச்சுவடு பதிப்பகம்

உப்பிட்டவரை . . . (தமிழ்ப் பண்பாட்டில் உப்பு) ♦ ஆய்வு நூல் ♦ ஆசிரியர்: ஆ. சிவசுப்பிரமணியன் ♦ © ஆ. சிவசுப்பிரமணியன் ♦ முதல் பதிப்பு: டிசம்பர் 2009, ஒன்பதாம் (குறும்) பதிப்பு: ஜூலை 2022 ♦ வெளியீடு: காலச்சுவடு பப்ளிகேஷன்ஸ் (பி) லிட்., 669, கே. பி. சாலை, நாகர்கோவில் 629 001

uppiTTavarai (Tamil Panpattil Uppu) ♦ Monograph on Salt in Tamil Culture ♦ Author: A.Sivasubramanian ♦ © A.Sivasubramanian ♦ Language: Tamil ♦ First Edition: December 2009, Ninth (Short) Edition: July 2022 ♦ Size: Demy 1 x 8 ♦ Paper: 18.6 kg maplitho ♦ Pages: 160

Published by Kalachuvadu Publications Pvt Ltd., 669, K.P. Road, Nagercoil 629001, India ♦ Phone: 91-4652-278525 ♦ e-mail: publications @kalachuvadu.com ♦ Printed at Adyar Students xerox Pvt. Ltd., No. 9, Sunkuraman street, Parrys, Chennai 600001

ISBN: 978-81-89359-89-8

07/2022/S.No. 334, kcp. 3710, 18.6 (9) uss

அன்பு மாணவனும் தோழனுமாகிய
ந. முத்துமோகனுக்கு

பொருளடக்கம்

முன்னுரை	11
1. உப்பு	17
2. பண்டைத் தமிழகத்தில் உப்பு	29
3. தமிழர் சமூக வரலாற்றில் உப்பு	39
4. இந்திய விடுதலை இயக்கத்தில் உப்பு	56
5. தமிழர் பண்பாட்டில் உப்பு	77
6. நம் கால உப்புத்தொழில்	99
7. உப்புத் தொழிலும் தமிழ் நாவலும்	125
பின்னிணைப்பு	137
துணைநூற்பட்டியல்	155

முன்னுரை

மானிடவியல் மற்றும் நாட்டார் வழக்காற்றியல் அறிவுத்துறையில் ஓர் உட்பிரிவாகப் பொருள்சார் பண்பாடு *(material culture)* அமைகிறது. மனிதர்கள் அன்றாடம் பயன் படுத்தும் புழங்குபொருள்களில் அவர்தம் உணர்வுகளும் விழுமியங்களும் கலந்துள்ளன என்பதை இவ்விரு துறை யினரும் சுட்டிக்காட்டுகின்றனர்.

> பொருளும் பண்பாடும் நாணயத்தின் இரு பக்கங்கள் போன்றவை. நறுக்குத் தெறித்தார் போன்று மிகக் குறைந்தபட்ச வரையறையாகச் சொன்னால் பண்பாட் டின் கண்ணாடி புழங்கு பொருட்கள்

என்று மானிடவியலாளர் பக்தவத்சல பாரதி குறிப்பிடுவார். இத்தகைய முக்கியத்துவம் வாய்ந்த புழங்கு பொருட் களில் ஒன்று உப்பு.

'ஆண்டி முதல் அரசன் வரை' புறக்கணிக்க இயலாத பொருளாக மனித சமூக வரலாற்றில் உப்பு இருந்துள்ளது. மிகை இரத்த அழுத்தம் உள்ளவர்கள், சிலவகையான சிறுநீரகக் கோளாறுடையோர் நீங்கலாக அனைவரும் தடையின்றி அன்றாடம் விரும்பிப் பயன்படுத்தும் ஓர் எளிய, இன்றியமையாத பொருள் உப்பு.

சங்க இலக்கியம் தொடங்கி நவீன இலக்கியம்வரை, கிறித்துவிற்கு முந்தைய தொல்தமிழ்க் கல்வெட்டுகள் தொடங்கி ஆங்கில அரசின் ஆவணங்கள்வரை உப்பு குறித்த பதிவுகள் இடம்பெற்றுள்ளன. உப்பை மையமாகக் கொண்டு வழக்காறுகள் பலவும் உருவாகியுள்ளன.

இவற்றையெல்லாம் தொகுத்து வகைப்படுத்தி ஒரு சமூக ஆவணமாக ஆக்கும் முயற்சியின் வெளிப்பாடு தான் இந்நூல். இதன் உருவாக்கத்திற்கு வித்திட்டவர்

ஸ்டுவர்ட் பிளாக்பேர்ன் என்ற நாட்டார் வழக்காற்றியல் அறிஞராவார்.

1990ஆம் ஆண்டில் பாளையங்கோட்டை தூய சவேரியார் கல்லூரியின் நாட்டார் வழக்காற்றியல் ஆய்வு மையம், சர்வதேச அளவிலான பயிற்சிப் பட்டறையை அறுபது நாட்கள் நடத்தியது. இந்நீண்ட காலஅளவை இருபது நாட்களாகப் பகுத்து மூன்று கட்டங்களாகக் கொடைக்கானல், பாளையங்கோட்டை, திரிசூர் ஆகிய ஊர்களில் நடத்தினர். அதில் இரண்டாவது கட்டம் கள ஆய்வை அடிப்படையாகக்கொண்டிருந்தது.

இதன் அடிப்படையில் ஸ்டுவர்ட் பிளாக்பேர்ன் தலைமையில் ஐந்து பேர்கொண்ட குழு, 1990 ஆகஸ்ட் 14, 15 நாட்களில் காமநாயக்கன்பட்டி பரலோக மாதா ஆலயத்தில் நிகழும் திருவிழாவைக் காணச்சென்றது. அக்குழுவில் நானும் இடம் பெற்றிருந்தேன். அங்கு நிகழ்த்திய தொடக்கநிலைக் கள ஆய்வை அடுத்து, 'கத்தோலிக்கமும் உப்பும்' (Salt in Catholic Folklore) என்ற தலைப்பில் களஆய்வு அறிக்கை எழுதும் பொறுப்பு எனக்குத் தரப்பட்டது. பின்னர் இதை விரிவுபடுத்தி 'தமிழர் பண்பாட்டு வாழ்வில் உப்பு' என்ற தலைப்பில் கட்டுரையாக்கி 1990 டிசம்பர் திங்களில் நிகழ்ந்த மூன்றாம் கட்ட பயிற்சிப் பட்டறையில் அவரிடம் தந்தேன்.

அதைப் படித்துவிட்டு இதை மேலும் விரிவுபடுத்தி ஒரு நூலாக்கலாம் என்று கூறியதோடு, எர்னஸ்ட் ஜோன்ஸ் எழுதிய கட்டுரையின் ஒளிநகலையும் அனுப்பியுதவினார். இதன் அடிப்படையில் விரிவுபடுத்தப்பட்ட அக்கட்டுரை நாட்டார் வழக்காற்றியல் ஆய்வு மையம் நடத்தும் *South Indian Folklorist* (தொகுதி 2 இதழ் 2 சனவரி 1990) என்ற ஆய்விதழில் ஆங்கில வடிவத்திலும் 'தமிழக நாட்டுப்புறக் கைவினைக் கலைகள்' (2000) என்ற தலைப்பில் ம.கா. பல்கலைக்கழகத்தின் தமிழாராய்ச்சித் துறை வெளியிட்ட நூலில் தமிழ் வடிவிலும் இடம்பெற்றது.

இந்நூல் உருவாக்கத்திற்கு வித்திட்ட திரு. ஸ்டுவர்ட் பிளாக்பேர்ன், மேலே குறிப்பிட்ட பயிற்சிப் பட்டறையில் என்னை இணைத்துக்கொண்ட பேராசிரியர் தே. லூர்து, பயிற்சிப் பட்டறையில் கலந்துகொள்ள அனுமதி வழங்கிய வ.உ.சி. கல்லூரியின் தாளாளர் திரு. வீ. சொக்கலிங்கம், உப்பு தொடர்பான என் கட்டுரைகளை வெளியிட்ட அருட்பணியாளர் ஃபிரான்சிஸ் செயபதி, சே. ச, தோழர் தேவ பேரின்பன், தஞ்சை தமிழ்ப் பல்கலைக்கழகத்தில் நிகழ்ந்த கடல்சார் கருத்தரங்கில் உப்பு குறித்த கட்டுரை வழங்க அழைத்த முனைவர் அதியமான், *செம்மலர்* இதழில் இக்கட்டுரையை வெளியிட்ட தோழர்கள் ச. தமிழ்ச்செல்வன், சோழ. நாகராஜன் ஆகியோரனைவருக்கும் என் நன்றி உரியது.

இந்த இடத்தில் ஓர் உண்மையைப் பதிவு செய்வது அவசியமாகிறது. உப்பு குறித்து எம்.ஃபில் பட்ட ஆய்வேடு எழுத ஆய்வு மாணவர் ஒருவர் என்னை அணுகியபோது மேற் கூறிய 'தமிழக நாட்டுப்புறக் கைவினைக் கலைகள்' நூலை அவரிடம் கொடுத்தேன். பல திங்கள்கள் கழிந்த பிறகு, எனக்கு நன்கு அறிமுகமான மாணவர் ஒருவர் ஆய்வேடு ஒன்றின் சில பக்கங்களைப் படித்துப் பார்க்கும்படித் தந்தார். மேலே குறிப்பிட்ட நூலில் இடம்பெற்றிருந்த கட்டுரை, வரி மாறாமல் அப்படியே மேற்கோள்குறியின்றி அதில் திணிக்கப்பட்டிருந்தது. அடிக்குறிப்பிலோ துணைநூல் பட்டியலிலோ நான் எழுதிய கட்டுரையின் பெயர்கூட இடம்பெறவில்லை. மிகுந்த எச்சரிக்கை உணர்வோடு அதைத் தவிர்த்திருந்தார்.

இதை இங்கு குறிப்பிடுவதன் காரணம், அந்த ஆய்வேட் டைப் பார்த்து நான் சில பகுதிகளை அப்படியே நகல் எடுத்துள்ளேன் என்ற பழிக்கு எதிர்காலத்தில் ஆளாகிவிடக் கூடாது என்பதற்காகத்தான். அவரது ஆய்வேடு எழுதப்படுவ தற்குப் பல ஆண்டுகளுக்கு முன்னர் நான் வெளியிட்ட கட்டுரை என்பதைக் கட்டுரை வெளியான ஆண்டு உறுதி செய்யும்.

○

இந்நூல் உருவாக்கத்திற்குப் பயன்பட்ட சில செய்திகளை சென்னை வளர்ச்சி நிறுவனத்தின் நூலகத்திலிருந்து நக லெடுத்துத் தந்தும் சில அரிய நூல்களை விலை கொடுத்து வாங்கி, அன்பளிப்பாக வழங்கியும் உதவிய அன்புத் தம்பி முனைவர் ஆ. இரா. வேங்கடாசலபதிக்கு என் நன்றி உரியது.

களஆய்வில் என்னுடன் வந்தும் ஆங்கில மேற்கோள் களைத் தமிழ்ப்படுத்தியும் உதவிய பேராசிரியர் இரகு. அந்தோணி, புகைப்படங்களை எடுத்துதவிய நாட்டார் வழக்காற்றியல் ஆய்வு மையத் தோழர்கள் பீட்டர் ஆரோக்கியராஜ், முத்துராஜ், கையெழுத்துப் படியினைத் தயாரித்துதவிய செல்வி ஞா. மெர்ஸி, கணினியாக்கம் செய்த செல்வி ஐ. மஞ்சு ஆகி யோர் அனைவருக்கும் என் நன்றி உரியது.

உப்பு குறித்து எழுதும்போது அவசியம் படித்தாக வேண்டிய ஓர் ஆங்கில நூல், அகர்வால் (*Aggarwal, S.C.*) எழுதிய *இந்தியா வில் உப்புத்தொழில்* (*The Salt Industry in India*) என்பதாகும். இது படிக்கக் கிடைக்காது தேடிக்கொண்டிருந்தபோது அன்பு மாணவரும் தோழருமான மு. அப்பாத்துரை, தென்காசித் தொகுதியின் நாடாளுமன்ற உறுப்பினராக இருந்தார். என் தேவையையுணர்ந்து நாடாளுமன்ற நூலகத்திலிருந்து அந் நூலை எடுத்துவந்து தந்தார். காலத்தால் செய்த அவ்வுதவிக்கு என் நன்றி உரியது.

நாவலாசிரியர் திருமதி ராஜம் கிருஷ்ணன் தமது 'கரிப்பு மணிகள்' நாவலை எழுதுவதற்காகத் தூத்துக்குடியில் தங்கி களஆய்வு நிகழ்த்தியபோது, சில நேரங்களில் அவருடன் உப்பளங்களுக்குச் செல்லும் வாய்ப்புக் கிட்டியது. வ.உ.சி. கல்லூரி முதல்வராயிருந்த திரு. செ. பாக்கியம் தமது குடும்பத் திற்குரிய அளத்திற்கு என் வேண்டுகோளுக்கிணங்கித் திருமதி ராஜம் கிருஷ்ணனையும் என்னையும் அழைத்துச்சென்றார். இவர்கள் அனைவருக்கும் என் நன்றி உரியது.

தினமணி நாளேட்டின் வேதாரண்யம் பகுதி செய்தியாளரும் இலக்கிய ஆர்வலருமான திரு. கே. வி. அம்பிகாபதி, தமிழ்நாடு அரசு மற்றும் வேளாண்மைப் பல்கலைக்கழக பண்ணைத் தொழிலாளர் சங்கத்தின் மாநிலப் பொதுச்செயலாளர் தோழர் அ. பாஸ்கரன் (திருத்துறைப்பூண்டி) ஆகிய இருவரும் வேதா ரண்யம், அகஸ்தியம்பள்ளி ஆகிய இடங்களிலுள்ள உப்பளங் களுக்கு அழைத்துச்சென்று புகைப்படமெடுக்க உதவியதுடன், பல்வேறு செய்திகளையும் கூறி உதவினார்கள். இவ்வுதவிக்குப் பின்புலமாகத் தமிழ் மாநில விவசாயத் தொழிலாளர் சங்கத்தின் மாநிலச் செயலாளர் தோழர் முத்தரசன் செயல்பட்டார். இவர் களுக்கும் என் நன்றி உரியது.

உப்பளத் தொழிலாளர்கள் குறித்த சில செய்திகளை அறிவதில் துணைநின்ற தோழர் அ. மோகன்ராஜ் (இந்தியக் கம்யூனிஸ்ட் கட்சியின் தூத்துக்குடி மாவட்டச் செயலாளர்), உப்பளம் குறித்த சில செய்திகளை அன்புடன் பகிர்ந்துகொண்ட உப்பள உரிமையாளர்கள் திரு. பொன்குமார், திரு. செல்வாமதன், திரு.மைக்கேல் மோத்தா, அன்பு மாணவரும் தொழிலதிபருமான திரு. இரா. எட்வின் சாமுவேல், தூத்துக்குடி மாவட்ட உப்புத் தொழிலாளர் சங்கத் தலைவர் தோழர் எம். காசி, உப்பு தொடர்பான சில அறிவியல் விளக்கங்களைப் பகிர்ந்துகொண்ட முனைவர் அய். பாலசுப்பிரமணியன் (புதுச்சேரி பல்கலைக் கழகம்), தோழர் நாகராஜன் (ஸ்பிக்), உப்பில் அயோடின் கலத்தல் தொடர்பான செய்திகளைக் கூறியுதவிய டாக்டர் ஆர். இரவீந்திரநாத் (சமூக மாறுதலுக்கான டாக்டர்கள் சங்கத் தின் தமிழ் மாநில பொதுச் செயலாளர்) ஆகியோருக்கும் என் நன்றி உரியது.

❍

நெல்லை மாவட்டம் களக்காடு வட்டாரத்தின் பொது வுடைமை இயக்கத் தலைவர்களில் ஒருவராகவும் விவசாய இயக்கப் போராளியாகவும் திகழ்ந்த தோழர் சிதம்பராபுரம் நடராசனின் மூத்த மகனாக அறிமுகமாகி, பின்னர் மாணவன்,

சக ஆய்வாளன், சக தோழன், சில போழ்து 'தகப்பன்சாமி' எனப் பல்வேறு உறவுநிலைகளில் நாற்பது ஆண்டுகளுக்கும் மேலாக உறவைத் தொடரும் பேராசிரியர் ந. முத்துமோகனுக்கு இந்நூலைக் காணிக்கையாக்குவதில் பெரிதும் மகிழ்ச்சியடை கிறேன். தம்மின்தம் மக்கள் அறிவுடைமை மாநிலத்து மன்னுயிர்க் கெல்லாம் இனிது என்ற வள்ளுவர் வாக்கு பெற்றோருக்கு மட்டுமின்றி ஆசிரியனுக்கும் பொருந்தும்தானே!

'பாரதி'   ஆ. சிவசுப்பிரமணியன்
2/360, மூன்றாம் குறுக்குத்தெரு
தபால்தந்தி குடியிருப்பு (மேற்கு)
தூத்துக்குடி 628008
அலைபேசி : 9442053606

1

உப்பு

கடல்நீர் நீராவியான பின் எஞ்சியுள்ள பொருளே உப்பாகும். இது உலோகத்தன்மை வாய்ந்த ஒரு வேதியியல் கூட்டுப்பொருளாகும். உணவுப் பொருட்களைச் சிதைவிலிருந்து பாதுகாக்கும் பொருளாகவும் உணவிற்குச் சுவையூட்டும் பொருளாகவும் உப்பு மனித குலத்தால் தொடர்ச்சியாகப் பயன்படுத்தப்பட்டு வருகிறது. 'சூரியனையும் உப்பையும்போல் மனிதகுலத்துக்கு அவசியமானது வேறு எதுவுமில்லை' என்று ஐஸ்டோர் என்பவர் ஆறாம் நூற்றாண்டில் குறிப்பிட்டுள்ளார்.

மனித உடல் வெளியேற்றும் விந்து, சிறுநீர், கண்ணீர், வியர்வை எல்லாவற்றிலும் மனிதனின் இரத்தத்திலும் உப்பு கலந்துள்ளது.

மனித உடலிலுள்ள சீரம் என்ற திரவத்தைச் சமநிலையில் வைத்திருக்க உப்பு பெரிதும் உதவுகிறது. உப்புச் சத்தும் தண்ணீரும் இல்லாவிடில் மனித உடலிலுள்ள செல்களுக்குச் சத்து கிடைக்காது. இது நீரிழப்பு எனப்படும். அதாவது உடலில் தேவையான நீர் இல்லாமல் போவது. நீரிழப்பு அதிகமானால் சாவுகூட ஏற்படும். ஆனால் இவ்வுண்மை 19ஆம் நூற்றாண்டின் இறுதிவரை அறிவியலாளர்களால் கண்டுபிடிக்கப்படவில்லை. எனினும் மனித வாழ்வில் தவிர்க்க இயலாத ஒரு பொருள் உப்பு என்ற உண்மையை இக்கண்டுபிடிப்புக்கு முன்னரே மக்கள் அறிந்திருந்தனர்.

உப்பின் வகையும் இயல்பும்

கடல்நீரில் கரைந்த அனைத்துப் பொருட்களையும் அமிலத்தில் கரையும் எந்தப் பொருளையும் உப்பு என்றே வேதியலாளர் கருதுவர். இத்தகைய உப்புகளில்

அதிகமாகக் காணப்படுவது சோடியம் குளோரைடு ஆகும். இதுதான் உப்பு என நாம் பரவலாக அழைக்கும் பொருள்.

ஒரு மூலக்கூறு உப்பில் ஓர் அணு குளோரினுடன் சேர்ந்த இருபத்திமூன்று பங்கு சோடியம் உள்ளது.

பாறை உப்பு என ஒருவகை உப்பும் உண்டு. ஆனால் நிறமற்ற தெளிவான நிலையில் பாறை உப்பு பெரும்பாலும் கிடைப்பதில்லை. அவ்வாறு கிடைத்தால் அது அரிய பொருளாகக் கருதப்படும். போலந்தின் வியல்சிக்கா சுரங்கத்திலும் பஞ்சாப்பின் கேவ்ரா சுரங்கத்திலும் தொண்ணூற்று ஒன்பது விழுக்காடு சோடியம் குளோரைடுகொண்ட உப்பு கிடைக்கிறது. பஞ்சாப் சுரங்கங்களில் வெள்ளை, வெளிர் சிவப்பு, கருப்பு, சிவப்பு எனப் பல வண்ணங்களில் உப்பு கிடைக்கிறது. ஆனால் இவற்றைப் பொடியாக்கினால் அவற்றின் வண்ணம் மறைந்து விடும்.

கடல் நீரின் வண்ணம் அதில் உள்ள உப்பின் அளவைப் பொறுத்து மாறும். உப்பின் அளவு குறையக் குறைய கடல்நீரின் வண்ணம் நீலத்திலிருந்து பச்சையாக மாறும். உப்பின் சிவப்பு அல்லது பச்சைநிறம், அதில் உள்ள உப்பின் விகிதாசாரத்தைப் பொறுத்து அமையும்.

நீரில் எளிதில் கரையும் தன்மையுடையது உப்பு. நூறு பங்கு நீரில் முப்பத்திமூன்று பங்கு உப்பு கரையும். இத்தகைய கரைசலின் ஒப்படர்த்தி 1:2; உப்பு படிகங்களின் ஒப்படர்த்தி 2:16. ஒருகாலன் நீரில் குறைந்தது அறுபத்திரண்டு உப்புத் துகள்களைக் கரைத்தால்தான் உப்பின் சுவை வெளிப்படும். தூய உப்பு நீர்த்துப் போகாது. இருந்தாலும் அதில் மெக்னீசியம் குளோரைடு உள்ளதால் காற்றிலுள்ள நீரை உறிஞ்சிக் கொள்ளும் தன்மைகொண்டது.

மிக அதிக வெப்பத்தில் உருகும் தன்மை கொண்டது உப்பு. இன்னும் அதிக வெப்பத்தில் நீராவியாகும். நேரடியாக நெருப்பிலிட்டால் கரும்புகையுடன் வெடிக்கும். அம்பாரமாகக் குவிக்கப்பட்டாலும் உப்பு அதிகமாகச் சரிந்து சிதறாது.

உப்பு ஓரளவு கடினத்தன்மைகொண்டது. பொருட்களின் கடினத்தன்மையை அளவிட நிலத்தியலாளர்கள் 'மோக்' என்ற அட்டவணையைப் பயன்படுத்துகிறார்கள். இவ்வட்டவணையில் உப்பின் கடினத்தன்மை 2.5 எனக் கணக்கிடப் பட்டுள்ளது. செங்கலைவிட இருமடங்கு அதிகத் தாங்கும் திறன்கொண்டது உப்பு.

சாதாரண உப்பு படிக நிலையில் காணப்படும். வெப்ப நிலை, கால அளவு ஆகியவற்றைப் பொறுத்து படிகத்தின் வடிவம் மாறும். நீளவாக்கில் நேராக உடையக்கூடிய படிகம் உப்பு.

ஒலிக்கும் தன்மையும் உப்பிற்குண்டு. உப்பின் ஊடாக ஒலி பரவும். உப்புச் சுரங்கங்களில் வேலை செய்வோர் உப்புப் பாறைகளைத் தட்டி, ஒலி எழுப்பி ஒருவருடன் ஒருவர் தொடர்பு கொண்டனர்.

உப்பின் தேவை

நம்மைவிட அதிக எடைகொண்டமையால் பண்ணை விலங்குகளுக்கு நாம் பயன்படுத்துவதைவிட அதிக அளவு உப்பு தேவைப்படுகிறது. கோடைகாலங்களில் வியர்வையின் வாயிலாக உப்புச்சத்து அவற்றின் உடலில் இருந்து வெளியேறு வதால், இந்த இழப்பை ஈடுசெய்யும் வழிமுறையாக அவை சுவரை நக்குவதைக் காணலாம்.

ஒரு மனிதனுக்கு நாளொன்றுக்குத் தேவைப்படும் சராசரி உப்பின் அளவு ஆறிலிருந்து எட்டு கிராம் ஆகும். கோடைக் காலத்திலும் கடின உடல் உழைப்பின்போதும் வியர்வை அதிக அளவில் வெளிப்படும்போது உப்புச்சத்தும் அதனுடன் வெளியேறும். இதனால் இத்தகையச் சூழலில் பத்து கிராம் வரை உப்பு தேவைப்படும். ஆனால் நடைமுறையில் சுவை கருதி, இத்தேவையைவிடச் சற்று அதிகமாகப் பதினைந்து கிராம்வரை நாம் நம்முடைய உணவில் உப்பை சேர்த்துக் கொள்கிறோம். நாம் விரும்பிப் பயன்படுத்தும் ஊறுகாய், கருவாடு ஆகியவற்றில் உப்பின் அளவு அதிகமாகவே காணப் படுகிறது.

உப்பின் பயன்பாடு

அமெரிக்காவின் மிச்சிகன் மாநிலத்திலுள்ள 'டயமண்ட் கிரிஸ்டல் சால்ட் கம்பெனி' என்ற நிறுவனம் 'டயமண்ட் கிரிஸ்டல்' உப்பின் 101 பயன்பாடுகளைத் தெரிவிக்கும் நூல் ஒன்றை வெளியிட்டுள்ளது. அதில் இடம்பெற்றுள்ள முக்கிய பயன்பாடுகள் வருமாறு:

வேகவைக்கப்பட்ட காய்கறிகளில் அவற்றின் வண்ணத் தைத் தக்கவைப்பது.

ஐஸ்கிரீமை உறையச் செய்வது.

கொதிநீரில் இருந்து அதிக வெப்பத்தைப் பெறுவது.

துருவை நீக்குவது.

மூங்கில் பிரம்பால் செய்யப்பட்ட பொருட்களைத் தூய்மையாக்குவது.

துணிகளை விறைப்பாக்குவது.

எண்ணெய் தீப்பற்றி எரியும்போது அந்த நெருப்பை அணைப்பதற்கு.

மெழுகு உருகி வழியாமல் இருப்பதற்கு.

கொய்த மலர்களை வாடாமல் வைத்துக்கொள்வதற்கு.

துணிகளிலுள்ள கறைகளை அகற்றுவதற்கு.

காதுவலி, சுளுக்கு, தொண்டை கரகரப்பைப் போக்கு வதற்கு.

இப்பயன்பாடுகளைச் சுட்டிக்காட்டும் மார்க் குர்லான்ஸ்கி (2002:5) தற்கால உப்புத் தொழிலின் பயன்பாடுகளின் எண்ணிக்கை பதினாலாயிரம் என்கிறார். இதில் மருந்து உற்பத்தி, பனிக்காலத்தில் உறைபனி விழுந்த சாலைகளில் அவற்றை உருகச் செய்தல், வேளாண்நிலங்களுக்கு உரமிடல், வளப்படுத்தல், சோப் தயாரித்தல், தண்ணீரை மென்தன்மை யுடையதாக்கல், துணிகளுக்குச் சாயமேற்றல் ஆகியன அடங்கும் என்று குறிப்பிடுகிறார்.

எர்னஸ்ட் ஜோன்ஸ் (1951:22–109) என்ற உளவியலாளர் *"The Symbolic Significance of Salt in Folklore and Superstition"* என்ற கட்டுரையில் உப்பின் குணாம்சங்கள் மற்றும் பயன் பாடாகப் பதினாறு செய்திகளைக் குறிப்பிட்டு விளக்குகிறார். அவர் குறிப்பிடும் செய்திகள் வருமாறு:

1. நிலைத்து நிற்கும் தன்மை (பக்கம்: 23)
2. அழுகுதல் அல்லது சிதைவை எதிர்த்து நிற்கும் தன்மை (ப:23)
3. ஞானம் அல்லது கல்வியின் சின்னம் (ப:24)
4. ஒப்பந்தம் மற்றும் உறுதிமொழிகளை உறுதிசெய்யப் பயன்படுத்தல் (ப:25)
5. பிற பொருள்களைச் சிதைவினின்றும் பாதுகாக்கும் தன்மை (ப:25)
6. சாரமுள்ள பொருள் (ப:26)
7. பணம் அல்லது செல்வத்துடன் நெருக்கமாகத் தொடர்புபடுத்தல் (ப:27)

8. பொதுவான முக்கியத்துவம் (ப : 28)
9. மந்திர ஆற்றல் (ப : 29)
10. மருத்துவக் காரணங்களுக்காகப் பயன்படுத்தல் (ப : 31)
11. இனப்பெருக்க வளத்தின் குறியீடு (ப : 31)
12. மதங்களும் உப்பும் (ப : 33–35)
13. சுவை (ப : 35)
14. தண்ணீரில் கரைதல் – பருவநிலையை முன்னறிவித்தல் (ப : 36–37)
15. மற்றொரு பொருளுடன் கலந்து நிற்றல் (ப : 37–38)
16. தூய்மைப்படுத்தும் சாதனம் (ப : 38–39)

கடந்தகால வரலாற்றில் உலகின் பலநாடுகளிலும் பயன்மிக்க பொருளாக உப்பு விளங்கியுள்ளது.

மம்மிகளை உருவாக்க எகிப்தியர்கள் உப்பைப் பயன்படுத்தியுள்ளனர். ஹீப்ருகளின் சமய வாழ்வில், முக்கியத்துவம் வாய்ந்த ஒன்றாக உப்பு இருந்துள்ளது. தூய்மையைக் குறிப்பதாக உப்பு கருதப்பட்டது.

வெள்ளிக்கிழமை இரவுகளில் யூதர்கள் ரொட்டியை உப்பில் முக்குவார்கள். யூதமதத்தில் ரொட்டி என்பது கடவுளால் வழங்கப்பட்ட உணவின் குறியீடாகும். ரொட்டியை உப்பில் முக்குவதென்பது, கடவுளுக்கும் மனிதனுக்கும் ஏற்பட்ட உடன்படிக்கையைப் பாதுகாப்பதன் குறியீடாகும். ஏனெனில் உப்பு உணவைப் பாதுகாக்கும் தன்மையது.

நம்பிக்கையும் நட்புறவும் உப்பு ள் இணைக்கப்படுகின்றன. ஏனெனில் உப்பின் சாரம் மாறுவதில்லை. நீரில் போட்டாலும் அதன் சுவை நீருள் கலந்து நிற்கும். ஆவியாக்கினால் படிகமாகப் படிந்திருக்கும்.

பிரிட்டிஷ் ஆட்சியின்போது அதன் இராணுவத்தில் பணியாற்றிய இந்திய வீரர்கள் தம் நம்பகத்தன்மையை உப்பின் மீது ஆணையிட்டு வெளிப்படுத்தினார்கள்.

பண்டைய எகிப்தியர்களும் கிரேக்கர்களும் ரோமானியர்களும் தங்கள் பலிகளிலும் காணிக்கைகளிலும் உப்பைப் பயன்படுத்தினர். உப்பாலும் தண்ணீராலும் கடவுளை அழைத்தனர். இப்பழக்கத்தில் இருந்தே உப்புக் கலந்த தண்ணீரைப் புனித

நீராகப் பயன்படுத்தும் பழக்கம் கிறித்தவத்தில் உருவானது என்ற கருத்துண்டு. உண்மை மற்றும் ஞானத்தின் குறியீடாகவும் உப்பு கிறித்தவத்தில் கருதப்படுகிறது.

ரொட்டியும் உப்பும் ஆசிர்வாதத்துடனும் பாதுகாப்புடனும் இணைந்து அய்ரோப்பாவில் காணப்பட்டன. ரொட்டியையும் உப்பையும் புதிய வீட்டிற்கு எடுத்துச் செல்வது யூதமரபாகும். இப்பழக்கம் மத்தியகாலம் தொடங்கியிருந்துள்ளது. ஆங்கிலேயர்கள், ரொட்டியில்லாமல் உப்பை மட்டும் புதிய வீட்டிற்கு எடுத்துச் செல்லும் பழக்கத்தைப் பல நூற்றாண்டுகளாகக் கொண்டிருந்தனர். தமிழ்நாட்டில் இப்பழக்கம் இன்றும் நிலவுகிறது. வேல்ஷ் மரபில் சவப்பெட்டியின் மீது, தட்டு ஒன்றில் ரொட்டியும் உப்பும் வைக்கப்பட்டிருக்கும். தொழில் அடிப்படையில் 'பாவம் தின்னியாக'ச் செயல்படும் ஒருவர் வந்து அதை உண்ணுவார்.

பாரம்பரிய ஜப்பானிய அரங்கில், கெட்ட ஆவிகளில் இருந்து நடிகர்களைப் பாதுகாக்கும் முகமாக ஒவ்வொரு நிகழ்த்துதலுக்கு முன்பும் அரங்கில் உப்பு தூவப்படும்.

'இந்தியாவில் உப்புத் தொழில்' என்ற தமது நூலில் அதன் ஆசிரியர் அகர்வால் (*1976:8–11*) 'வீட்டின் பணியாளாக உப்பு' என்ற தலைப்பில் அறுபதுக்கும் மேற்பட்ட பயன்பாடுகளைக் குறிப்பிட்டுள்ளார். அவற்றுள் சில வருமாறு:

உப்பிற்குச் சில மருத்துவப் பண்புகளும் உண்டு. பல நோய்களுக்கு உப்பு மருந்தாக உட்கொள்ளப்படுகிறது; அறுவைச் சிகிச்சைகளில் புண்கள் புரையோடாமல் தடுக்கிறது; கால்நடை மருத்துவத்தில் பயன்படுகிறது; உப்புநீர் அல்லது கடல்நீரில் குளிப்பது தோலுக்குப் புத்துணர்வு தரும். கடல்நீரின் மருத்துவப் பண்புகளுக்கு முக்கிய காரணம் அதில் உள்ள உப்புதான்.

இவை தவிர்த்து சில அரிய பயன்பாடுகளும் உப்பிற்கு உண்டு. மாற்று உறுப்பு அறுவை சிகிச்சைக்கு முன், உடல் உறுப்புகளை உப்பு நீரில் பதப்படுத்தி வந்தனர்.

செம்பு, பித்தளை, பிற உலோகங்களைச் சுத்தப்படுத்தப் பயன்படும் கலவைகளில் உப்பு கலக்கப்பட்டது.

செயற்கைப் பற்களைச் சுத்தப்படுத்தப் பயன்படும் கலவைகளிலும் உப்பு கலக்கப்பட்டது. தலைமுடியைச் சுத்தப்படுத்தப் பயன்படுத்தப்படும் பொருட்களிலும் உப்பு கலக்கப்படும்.

- உப்பு மனஅழுத்தத்தைத் தணிக்கும்.
- தீக்காயங்கள், பூச்சிக்கடி, அரிப்பு ஆகியவை ஏற்பட்ட இடங்களில் ஈர உப்பைத் தடவினால் காந்தல் அதிகரித்தாலும் விரைவில் குணம் ஏற்படும்.

- சோர்வடைந்த கால்களை, உப்புக் கலந்த நீரில் அமிழ்த்தி வைத்தால் சோர்வு நீங்கும்.
- நஞ்சுண்டவர்கள், வாந்தி எடுத்து நஞ்சை வெளி யேற்றத் தூண்டுதலாக, உப்புக் கரைசல் கொடுக்கப் படும்.
- இனிப்புப் பண்டங்களிலும் பழச்சாறுகளிலும் இனிப்புச் சுவையை அதிகப்படுத்துவதற்கு உப்பு சேர்க்கப்படும்.
- உப்புநீரில் தோய்த்த துணியில் வெண்ணையைச் சுற்றி வைத்தால், வெண்ணை இறுக்கமாக இருக்கும்.
- குளம் குட்டைகளில் பிடிக்கப்படும் மீன்களில் உள்ள சேற்றுவாடையை நீக்க அம்மீன்களை உப்பு நீரில் கழுவலாம்.
- உப்புக் கலந்த நீரில் முட்டையை வேகவைத்தால் அதன் வெள்ளைக்கரு சீக்கிரம் இறுகும்.
- உப்புநீரில் முட்டையை வேகவைத்தால் முட்டையின் ஓடு உடையாது.
- உப்புக் கலந்த நீரில் வேகவைத்த முட்டையை எளி தாக உரித்துவிடலாம்.
- பச்சைக் காய்கனிகளை உப்புக் கலந்த நீரில் கழுவி னால் அவற்றில் உள்ள பூச்சிகளும் அழுக்கும் நீங்கும்.
- வெள்ளிப் பாத்திரங்களை உப்புநீரில் சுத்தம் செய்தால் அவற்றின் மெருகு அதிகரிக்கும்.
- குளியல் தொட்டியிலும் முகம் கழுவும் தொட்டி யிலும் மஞ்சள் கறை படிந்தால், அக்கறையைப் போக்க உப்புக் கரைசல் பயன்படும்.
- உடைகளிலும் துணிகளிலும் ஏற்படும் வியர்வைக் கறைகளை, உப்புநீர் போக்கும்.
- வீடுகளில் எறும்புத் தொல்லையைப் போக்க சிறிதளவு உப்புப் பொடியை அந்த இடங்களில் தூவலாம்.
- எல்லாவற்றிற்கும் மேலாக அரசுக்கு வருமானம் ஈட்டித்தரும் பொருளாகவும் உப்பு உள்ளது. நாட்டில் அனைவரும் தினமும் தவறாமல் பயன்படுத்தும் பொருள் உப்பு என்பதால் உப்பின் மீது விதிக்கப்பட்ட வரி அரசுக்குப் பெரும் வருவாயைத் தந்தது. இந்தியா

வில் 1947ஆம் ஆண்டிற்கு முன் உப்புவரியின் மூலம் அரசு பெற்ற ஆண்டு வருமானம் ரூபாய் ஒன்பது கோடியாகும்.

வரலாற்றில் உப்பு

அரசின் கட்டுப்பாட்டிற்குள் உப்பு உற்பத்தி மௌரியர் ஆட்சிக்காலத்திலேயே இந்தியாவில் வந்துவிட்டது. சாணக்கியர் எழுதிய ‘அர்த்த சாஸ்திரம்’ நூலில் ‘லவணதியகாசா’ என்ற அதிகாரி குறிப்பிடப்படுகிறார். ‘லவணம்’ என்பது உப்பைக் குறிக்கும் வடமொழிச் சொல். உப்பு உற்பத்திக்கு அனுமதி வழங்கி, அதை மேற்பார்வையிட்டு வரி வாங்கும் பணியை இவர் செய்துவந்ததால் இப்பதவிப் பெயருக்குமுன் ‘லவண’ என்ற சொல் இடம்பெற்றுள்ளது.

மௌரியர் ஆட்சியில் உப்பு உற்பத்தியும் அதன் விற்பனையும் பெற்றிருந்த முக்கியத்துவத்தைப் பின்வரும் அர்த்தசாஸ்திர சுலோகங்களின் வாயிலாக அறியமுடிகிறது.

> உப்பளத்தலைவன் [1]விளைந்து முற்றிய உப்பையும் [2]பகுதியுப்பையும் [3]வரையறையுப்பையும் உரிய காலத்திற்றொகுத்து வைத்தல் வேண்டும். அவற்றை விலைப்படுத்தலால் பண்டத்தின் விலைப்பொருள், ஆராய்ச்சிக்கூலி, [4]வாசி என்னுமிவற்றையும் கணக்கிட்டுக்கொள்ளல் வேண்டும்.
>
> அயல்நாட்டினின்றும் விற்றற்பொருட்டு வரும் உப்பில் ஆறிலொரு கூறு (அரசிற்கு) [5]கொடுத்தல் வேண்டும். அக்கூறும் அளவுவாசியும் கொடுத்த வாணிகன் [6]அவற்றை விற்றற்பொருட்டு நூற்றுக்கு ஐந்து விகிதமுள்ள [7]வாசியை

---

1. விளைந்து முற்றிய உப்பு – அரசனுடைய பணியாளரால் ஆக்கப்படுவது.
2. பகுதியுப்பு – பிறராலெடுக்கப்படும் உப்பில் அரசனுக்குரிய கூறு.
3. வரையறையுப்பு – இத்துணை அளவுள்ள நிலத்தில் எடுக்கப்படும் உப்பில் அரசற்கு இவ்வளவென்று வரையறை செய்யப்படுவது.
4. வாசி – மீண்டுமளக்குங்கால் குறையாமைப் பொருட்டு நூற்றுக்கு ஐந்துவிகிதம் மிகுந்து வாங்கப்படுவது.
5. அயல்நாட்டு வணிகன் கொடுத்தல் வேண்டும் என்பதாம்.
6. அவற்றை என்பது அரசற்குரிய கூற்றையும் அதற்குரிய வாசியையும் குறிக்கும்.
7. ஈராண்டுக்குறிய வாசி அரசிறையாகும்.

யும் [8]ஆராய்ச்சிக்கூலியையும் [9]உருவிகத்தையும் கொடுத்தல் வேண்டும். அப்பொருளை வாங்குவோர் சுங்கப்பொருளையும் அரசனது விலைப்பண்டத்தினின்றும் குறைதலை நிரப்புதற்குரிய பொருளையும் கொடுத்தல் வேண்டும். [10]வேற்றிடத்தில் வாங்குவோன் அறுநூறு பணம் தண்டம் இறுத்தல் வேண்டும்.

[11]கலவையுப்பு விற்பவனும் அரசனது அனுமதி பெறாமல் உப்புவிற்றுப் பிழைப்பவனும் உத்தமசாகச தண்டம் இறுக்கக்கடவர். வானப்பிரத்தனுக்கு [12]இது விலக்காகும். வேதம் ஓதுபவனும் எளியவனும் உடலுழைப்பாற் பணிசெய்வோனும் [13]உணவிற்கு வேண்டிய அளவு கொள்ளலாம்.

பாவங்களைப் போக்கும் வழிமுறைகளில் ஒன்றாக உப்பில்லாத சோற்றை உண்ணவேண்டும் என்று மனுதர்மம் *(11: 211, 216, 220)* பின்வருமாறு குறிப்பிடுகிறது.

உப்பில்லாத சோற்றை இருபத்தோரு கவளம் வீதம், மூன்று நாட்பகலும், அவ்வாறே முப்பத்திரண்டு கவளங்கள் அடுத்த மூன்று நாள் இரவும், மறுமூன்று நாட்களும் தான் கேளாமல் பிறர் வலிந்து கொடுக்கும் உணவை இருபத்திநான்கு கவளமும் புசித்து, மேலும் மூன்று நாட்கள் முழுப்பட்டினியிருத்தலே பிராஜாபாத்ய கிருச்ராம் (கவளம் என்பது கோழி முட்டை அளவு அல்லது அவனவன் வாயளவு கொண்டது).

பகல் மூன்று வேளை தலை முழுகி, பூர்ணிமையில் உப்பில்லாமல் பதினைந்து கவளச் சோறுண்டு, மறுநாள் முதல் ஒவ்வொரு கவளமாகக் குறைத்து, அமாவாசை பட்டினி கிடந்து, மறுநாள முதல் ஒவ்வொரு கவளமாகக் கூட்டிக்கொண்டே மறுபூர்ணிமையில் பதினைந்து கவளமாக்கிப் புசித்தல் பிபீலிகா சாந்திராயணம்.

---

8. ஆராய்ச்சிக்கூலி நூற்றுக்கு அரைக்கால் விகிதமாகும்.

9. உருவிகம் – பணியாளர் கூலிப்பொருட்டு நூற்றுக்கு எட்டுவிகிதம் கொடுக்கப்படுவது

10. வேற்றிடத்தில் வாங்குவோன்–தன்னரசனது நாட்டில் உப்பிருக்குங்கால் வேற்றுநாட்டிற் பெறுவோன்.

11. கலவைப்பு – மண் முதலியன கலந்த உப்பு.

12. இது – அரசனுடைய அனுமதி பெறவேண்டும் என்னும் விதி.

13. வாணிகத்தின் பொருட்டுக் கொள்ளலாகாதென்பது கருத்து.

இக்குறிப்புகள் மொழிபெயர்ப்பாசிரியர் மு. கதிரேசச் செட்டியாரால் தரப்பட்டவை.

மொத்தம் இருநூற்று நாற்பது கவளங்களை உப்பில் லாமல் முப்பது நாட்களில் உட்கொண்டு பாவத்தைப் போக்குவோன் சந்திர லோகம் அடைகின்றான்.

இந்தியாவின் பண்டைக்கால வரலாற்றில் இடம்பெற்றிருந்த உப்புத்தொழில் மற்றும் உப்பின் முக்கியத்துவம் குறித்த இச்செய்திகள், இந்திய சமூக வாழ்வில் உப்பின் தொன்மை குறித்த சான்றுகளாய் அமைகின்றன. சாதிய வேறுபாடுகள் ஆதிக்கம் செலுத்திய இந்தியச் சமூகத்தில் தம் ஆதிக்கத்தை நிலைநாட்டும் வழிமுறைகளில் ஒன்றாக, உப்பைக் குறிக்கும் சொல்லையும் ஆதிக்கசாதியினர் பயன்படுத்தியுள்ளனர். இவ்வுண்மையை அம்பேத்கர் (1999:84) தமது கட்டுரையொன்றில் பின்வருமாறு வெளிப்படுத்தியுள்ளார்:

> "மலபாரில் உள்ள ஒத்தப்பாலம் என்ற இடத்தில் ஈழவ சாதியைச் சேர்ந்த சிவராமன் என்ற 17 வயது இளைஞர், சாதி இந்து ஒருவரின் கடைக்குச் சென்று உப்பு வேண்டும் என்று கேட்டார். அவர் 'உப்பு' என்ற மலையாள வார்த்தையைப் பயன்படுத்தினார். மலபாரில் உள்ள வழக்கப்படி 'உப்பு' என்ற சொல்லைச் சாதி இந்துக்கள்தான் பயன்படுத்தலாம். அந்த இளைஞர் ஹரிஜன் என்பதால் அவர் 'புளிச்சாட்டன்' வேண்டும் என்றுதான் கேட்டிருக்க வேண்டும். இதனால் கோபமடைந்த உயர்சாதிக் கடைக்காரர், சிவராமனை பலமாக அடித்ததால் அவர் இறந்து போனார்."

உலகின் பலபகுதிகளிலும் உணவுப்பொருளாகவும் மந்திர ஆற்றல் கொண்ட பொருளாகவும், தூய்மைப்படுத்தும் பொருளாகவும், அரசுக்கு வருவாய் தரும் பொருளாகவும் உப்பு கருதப்பட்டு வந்துள்ளது. இதனடிப்படையில் உப்பை மையமாகக் கொண்ட வாய்மொழி வழக்காறுகள் உருவாகியுள்ளன. சான்றாக மனித வாழ்வில் உப்பின் தேவையை வெளிப்படுத்தும் பின்வரும் நாட்டார் கதை ஒன்றைக் குறிப்பிடலாம்.

இக்கதை செக்கோஸ்லோவாகிய நாட்டு நாட்டார் கதையாகும்.

> ஒரு அரசனுக்கு மூன்று பெண்கள். தான் இறந்த பிறகு மூவருள் யார் ராணியாக வருவது என்பதை அவன் தீர்மானிக்க விரும்பினான். மூன்று பெண்களுள் யார் தன்னைக் கூடுதலாக நேசிக்கிறார்கள் என்பதைக் கண்டறிந்து அப்பெண்ணையே ராணியாக்க நினைத்தான். எனவே மூன்று பெண்களையும் அழைத்துத் தன்னை அவர்கள் எப்படி நேசிக்கிறார்களென்று கேட்டான்.

மூத்த மகள் "தங்கத்தைவிட அதிகமாக உன்னை நேசிக்கிறேன்" என்று பதிலளித்தாள்.

"இந்த உலகத்திலுள்ள யாரையும்விட அதிகமாக நேசிக்கிறேன்" என்று இரண்டாவது மகள் கூறினாள்.

இவ்விரண்டு பதில்களும் அவனுக்கு மகிழ்ச்சியூட்டின.

மருஷ்கா என்ற பெயருடைய மூன்றாவது மகள் "உப்பைப் போல உன்னை நேசிக்கிறேன்" என்று கூறினாள். "உப்பள விற்கே உன் தந்தையை நேசிக்கிறாயா, உனக்கு என்ன நெஞ்சழுத்தம்?" என்று மூத்த சகோதரிகள் கூறினர். "நான் உப்பைப் போன்றே அவரை நேசிக்கிறேன்" என்று மருஷ்கா மீண்டும் விடையளித்தாள்.

"உப்பானது எப்பொழுது தங்கத்தைவிட உயர்வாக மதிப்பிடப்படுகிறதோ அப்பொழுதுதான் நீ ராணியாகலாம். அது நிகழும்போது நீ வீட்டிற்கு வா" என்று அரசன் கூறினான்.

மருஷ்கா அரண்மனையை விட்டு வெளியேறிக் காட்டுப் பகுதிக்குள் சென்று அழுதுகொண்டிருந்தாள். அங்கு வந்த கிழவி ஒருத்தி நடந்த நிகழ்ச்சியை மருஷ்காவிடம் கேட்டறிந்து தன்னுடன் தங்கும்படி வேண்டினாள். மருஷ்காவும் அதனை ஏற்றுக்கொண்டாள்.

இது இவ்வாறிருக்க, தனது மூத்த மகள் தன்னைவிடத் தங்கத்தையே அதிகமாக நேசிப்பதை அரசன் கண்டறிந்தான். இரண்டாவது மகளோ திருமணம் செய்ய விரும்பினாள். திருமணம் நடந்தபிறகு தன்னைவிடக் கணவனையே அதிகமாக நேசிப்பாள் என்பதனையும் அரசன் உணர்ந்தான்.

ஒருநாள் அரண்மனையில் விருந்தொன்று நிகழ இருந்தது. அரண்மனையில் இருந்த உப்பு முழுவதும் காற்றில் கரைந்துவிட்டது. நாடு முழுவதும் இதே நிலைதான். இந்நிலையை அரசனிடம் வந்து சமையற்காரன் கூற, உப்பிற்குப் பதில் ஏதாவது ஒரு பொருளைப் பயன் படுத்தும்படியும் அல்லது உப்பு தேவையில்லாத பொருளைச் சமைக்கும்படியும் கூறினான். ஆனால் இது சாத்தியமாகவில்லை. உப்பில்லா உணவை உண்ணமுடியாத விருந்தினர் திரும்பினர். உப்பில்லாத காரணத்தால் மக்கள் பசியுணர்வை இழந்தனர். உப்பிற்காக ஏங்கித் தவித்தனர். ஒரு சிட்டிகை உப்பிற்காகத் தங்கம் கொடுக்கவும் தயாராக இருந்தனர்.

ஆ. சிவசுப்பிரமணியன்

தன் வீட்டிலிருந்த மருஷ்காவிடம் இச்செய்தியைத் தெரிவித்த கிழவி, மருஷ்கா வசம் உப்பைக் கொடுத்து அரண்மனைக்கு அனுப்பினாள். தங்கத்தைவிட உப்பு உயர்வாக மதிக்கப்படும் நிலையில் மருஷ்கா தந்தையிடம் வந்தாள். தந்தைக்கு மட்டுமின்றி நாட்டு மக்கள் அனைவருக்கும் உப்பை வாரி வழங்கினாள். உப்பின் சிறப்பறிந்த அரசனும் அவளையே ராணியாக்கினான்.

2

பண்டைத் தமிழ்ச் சமூகத்தில் உப்பு

கிடைப்பதற்கருமையான பொருளாக சங்க காலத்தில் உப்பு இருந்துள்ளது. இதனால் வறுமையின் கொடுமையைக் கூறவரும்போது, உப்பில்லாமல் உண்பது குறிப்பிடப்படுகிறது.

    உப்பின்று நீர் உலையா (புற 159: 10 – 11)

    உப்பில்லா அவிப்புழுக்கல் (புற 163: 1 –)

    குப்பை வேளை உப்பிலி வெந்ததை (சிறு 137)

    உப்பு இலிப் புற்கை (நாலடி 21: 6)

    உப்பு இலி வெந்ததைத் தின்று (நாலடி 29: 9)

என்ற தொடர்கள் உப்பில்லாமல் உண்பதை வறுமையின் அடையாளமாகச் சுட்டுகின்றன.

உயர்ந்ததாகக் கூறப்படும் 'அமிழ்தம்' என்ற சொல்லை யிட்டு,

    வெண்கல் அமிழ்தம் (அகம் 207: 2)

    கடல்விளை அமிழ்து (அகம் 169: 7)

என்று உப்பை அழைத்துள்ளனர்.

உப்பு உற்பத்தி

உப்புத் தயாரிக்க, கடல்நீரை நேரடியாகப் பாத்திகளில் தேக்கி வைத்துள்ளனர். கதிரவன் ஒளியில் அது காய்ந்து வற்றிய பின்னர் பாத்திகளில் படியும் உப்பைச் சேகரித்துள்ளனர். 'கடுவெயில் கொதித்த கல்விளை உப்பு' என நற்றிணை (354:8) வெயிலின் துணையால் உப்பு விளைவிக்கப்படுவதைக் குறிப்பிடுகிறது.

பூமியின் அடியில் உள்ள உப்புநீரைக் கிணறுகளின் வாயிலாக வெளிக்கொணர்ந்து பாத்திகளில் தேக்கி உப்பு தயாரிக்கும் முறை இருந்தமைக்கான சான்றுகள் இல்லை.

கடல்விளை அமிழ்தின் கணஞ்சால் உமணர்
(அகம் 169: 7)

கடல்நீர் உப்பின் கணஞ்சால் உமணர் (அகம் 295: 9)

என்று குறிப்பிடுவதால் உப்பு தயாரிப்பில் கடல்நீர் நேரடியாகப் பயன்பட்டது தெரியவருகிறது.

கழியுப்பு

கடலையடுத்து கரையில் காணப்படும் உவர்நீர் படிந்த பகுதி கழியெனப்படும். கடல்நீர் பாய்ந்து தேங்கியிருப்பதால் கழிநிலம் உருவாகிறது. கதிரவன் ஒளியால் உவர்நீர் வற்றியவுடன் உவர்நீரில் கரைந்திருந்த உப்பு கழிநிலத்தில் படிந்து காணப்படும். இது மனித முயற்சியின்றி இயற்கையாகக் கிடைக்கும் கடலுப் பாகும்.

இவ்வாறு விளையும் உப்பு குறித்த செய்திகள் சங்க இலக்கியத்தில் இடம்பெற்றுள்ளன.

'கழியுப்பு முகந்து' என்று புறநானூறும் (60:7) 'தென்கழி விளைந்த வெண்கல் உப்பின்' என்று அகநானூறும் (159:1) கழிநீரை உப்பு தயாரிக்கப் பயன்படுத்தியதை உணர்த்து கின்றன. மழை பெய்யாவிடில் நெய்தல் நிலத்தின் கழிநீர் வற்றிச் சேறு காய்ந்த பின்னர் அதில் உப்பு விளையும் என்று நற்றிணை (311: 3-4) குறிப்பிடுகிறது.

நெல்விளையும் நிலப்பகுதி கழனி என்ற சொல்லால் அழைக்கப்பட, உப்பு விளையும் உப்பளம் 'உப்பு விளை' என்ற அடைமொழியிடப்பட்டு 'உப்பு விளை கழனி' எனப் பட்டது. (குறுந் 269: 6). உழுதல் மேற்கொள்ளாமல் உப்பு விளைவிக்கப்படுவதால் 'உழாஅது செய்த வெண்கல் உப்பு' என்று அகநானூறும் (140:2) 'உவர் விழை உப்பின் உழாஅ உழவர்' என்று நற்றிணையும் (331:1) குறிப்பிடுகின்றன. கழனி உழவர் போலன்றி மழையை எதிர்நோக்காத் தன்மையை 'வானம் வேண்டா உழவினெம்' என நற்றிணை (254:11) குறிப்பிடுகிறது.

இவ்வாறு விளைவித்த உப்பினைக் குவியலாகக் குவித்து வைத்தனர். இதை 'உப்பின் குப்பை' (அகம் 190: 2) 'உப்பின் நிரம்பாக் குப்பை' (அகம் 206:14) 'உப்பின் பெருங்குப்பை' (திரிகடுகம் 83:1) என்ற தொடர்களால் அறிகிறோம்.

இக்குவியல்கள்மீது ஏறிநின்று பரதவ மகளிர் கடலில் வரும் 'திமில்' என்ற மீன்பிடிப் படகுகளை எண்ணி விளையாடினர். (அகம் 190:2, நற் 331: 1–8)

பெருமழை பெய்து வெள்ளம் வரும்போது, அது உப்புக் குவியலை உடைத்துக்கொண்டு செல்வதை 'உப்புச் சிறை நில்லா வெள்ளம் போல்' என்று அகநானூறு (208:19) குறிப்பிடுகிறது.

உமணர்

நீண்ட வரலாற்றுப் பாரம்பரியம் கொண்ட தமிழர் சமூக வாழ்வில் உப்பு வாணிகம் குறித்த இலக்கியச் சான்றுகளும் கல்வெட்டுச் சான்றுகளும் குறிப்பிடத்தக்க அளவில் உள்ளன. கி.மு. முதல் நூற்றாண்டைச் சேர்ந்த தொல் தமிழ் (பிராமி) கல்வெட்டொன்று அழகர் மலையில் கிடைத்துள்ளது. உப்பு வணிகன் ஒருவனை 'உப்பு வணிகன் வியக்கன் கணதிகன்' என்று குறிப்பிடுகிறது. இதனால் கி.மு. முதல் நூற்றாண்டிலேயே, உப்பு ஒரு வாணிகப் பொருளாக விளங்கியதையும் அதை வாணிபம் செய்யும் வணிகர்கள் உருவாகிவிட்டதையும் அறிய முடிகிறது. உப்பு வாணிகம் செய்த 'உமணர்' என்போரைச் சங்க இலக்கியங்கள் குறிப்பிடுகின்றன.

நெய்தல் நில மக்களாகப் பரதவர் என்போர் சங்க இலக்கியங்களில் இடம்பெறுகின்றனர். இவர்களது முக்கியத் தொழிலாக மீன்பிடித்தல் அமைந்தது. உமணர் என்போர் உப்பு வணிகர்களாகக் குறிப்பிடப்படுகின்றனர். இதனடிப்படையில் பரதவரும் உமணரும் தனித்தனிச் சமூகங்களாகக் காட்சியளிக்கின்றனர். இதற்குச் சான்றாகப் பின்வரும் சங்க இலக்கியச் செய்திகளைக் குறிப்பிடலாம்.

நெய்தல்நிலப் பரதவர்கள் வெண்ணிறமான உப்பை, பாத்திகளில் விளைவித்து வைத்திருந்தனர். மருதநில உழவர்கள் நெல் அறுத்து, அதைத் தூற்றும்போது, துரும்புகள் காற்றில் பறந்துபோய் அப்பாத்திகளில் பரவியது. இதனால் பரதவர்கள் சினந்து உழவர்களுடன் சண்டையிட்டனர். (அகம் 366: 2 – 11)

நெய்தல் நிலம் சார்ந்த தலைவியை மணம்புரிய விரும்பும் தலைவன் அவளை அடையும் வழிமுறையாக உப்புப் பாத்திகளிலும் மீன்பிடித்தலிலும் அவளது தந்தையுடன் பணிபுரிந்து அவன் இசைவைப் பெறலாமா என்று எண்ணுகிறான். (அகம் 280: 8–10)

கடலில் மீன்பிடிக்கச் செல்லும் சிறுகுடில்களில் வாழும் பரதவர்கள் பெரிய உப்பங்கழியாகிய வயலிலே உழாமலே

விளைவித்த வெள்ளிய கல் உப்பு என்று அகநானூறு (140:1-3) குறிப்பிடுவதும் பரதவர் உப்பு விளைவித்ததை உறுதி செய்கிறது.

உப்பங்கழியாகிய வயலில் பரதவர் விளைவித்த கல் உப்பினை குன்றுகள் எல்லாம் கடந்து சென்று உமணர் விற்பர். (அகம் 140: 1-4). 'உப்பு ஒய் உமணர்' (உப்பு விற்கும் உமணர்) என்று அகநானூறு (30:5) இவர்களைக் குறிப்பிடுகிறது.

பரதவர்கள் தாம் உழா அது விளைவிக்கும் உப்பினை உப்பு வணிகர் வரவை எதிர்நோக்கிக் குவியல்களாகக் குவித்துக் காவலுடன் வைப்பர். பரதவமகளிர் அக்குவியல்களில் ஏறி நின்று கடலில் வரும் படகுகளைச் சுட்டிக்காட்டி அவற்றை எண்ணி நிற்பர். (நற் 331: 1-8)

இவ்வாறு உப்பு உற்பத்தியாளர்களாகப் பரதவர்களும் அதை விற்பவர்களாக உமணர்களும் விளங்கினாலும் அவ்வப் போது பரதவப் பெண்களும் தம் உணவுத் தேவைக்காக உப்பை நெல்லுடன் பண்டமாற்று செய்துள்ளனர்.

பெண் ஒருத்தியின் தந்தை சுறா மீனால் தாக்கப்பட்டு அதனால் ஏற்பட்ட புண்ணுடன் வீட்டில் இருந்தான். அப்புண் ஆறியவுடன் மீண்டும் மீன் வேட்டைக்கு கடலுக்குச் சென்று விட்டான். அவளது தாய் உப்பை எடுத்து அதை விற்று வெண்ணெல் வாங்கி வரும் பொருட்டு உப்பு விளையும் கழனிக்குச் சென்றுவிட்டாள். இதனால் தலைவி தனித்திருக் கிறாள் என்று குறுந்தொகைப் பாடல் (269: 5-6) குறிப்பிடுகிறது.

மீன் பிடிக்கும் தொழிலை மேற்கொண்ட தந்தைக்கு அவரது இளைய மகள் உப்பு விற்றதால் பெற்ற நெல்லினால் ஆக்கிய சோற்றையும் அயிரை மீனுடன் கூடிய புளிக்கறியையும் கருவாட்டையும் உணவாகப் படைத்தாள். (அகம் 60: 3-6)

நெய்தல் திணையில் தோழியின் கூற்றாக இடம்பெறும் நற்றிணைப் பாடல் ஒன்றில் (254: 10-12) தலைவனை நோக்கி, உப்புப் பாத்தியில் கடல் நீரைக் கொணர்ந்து பாய்ச்சி வேளாண்மை செய்யும் சிறுகுடி என்று தோழி தலைவியின் குடியைக் குறிப்பிட்டுவிட்டு அங்குத் தலைவன் தங்கிச் சென்றால் உப்பு வாணிகரிடம் உப்புக்கு விலையாகப் பெற்ற நெல்லைக் குற்றி ஆக்கிய அரிசிக் காணத்தை தலைவனது குதிரைக்கு உணவாகப் பெறலாம் என்று கூறுகிறாள். (மேலது 6-7)

உப்பு விளைவிப்பவர் நெய்தல் நில மக்களாகவும் (பெரும் பாலும் பரதவர்) அதற்குப் பண்டமாற்றாக நெல் தருவோர் உமணராகவும் குறிப்பிடப்படுவதன் அடிப்படையிலும் உமணர்

உப்பையும் நெல்லையும் பண்டமாற்று செய்யும் வணிகர் என்பது உறுதிப்படுகிறது.

ஒரு குறிப்பிட்ட சமூகத்தில் ஏற்படும் உபரி உற்பத்தியைப் பண்டமாற்று செய்யும் பணியில் ஈடுபடுவதன் வாயிலாகவே வணிகர்கள் என்ற பிரிவு உருவாகிறது. இவர்களைக் குறித்து, 'உற்பத்தியிலே பங்கெடுக்காமல் உற்பத்தி செய்யப்பட்ட பொருட்களைப் பரிவர்த்தனை செய்வதில் மட்டும் ஈடுபடும் ஒரு வர்க்கம் . . . அதுதான் வியாபாரிகள் எனப்பட்டோர்' என்று எங்கல்ஸ் குறிப்பிடுவார். உமணர்கள் உப்பு உற்பத்தியிலும் நெல் உற்பத்தியிலும் ஈடுபடாமல் இவை இரண்டையும் பரிவர்த்தனை செய்வதில் மட்டுமே தம்மை ஈடுபடுத்திக்கொண்டுள்ளனர். இவர்கள் உப்பு விளையும் நெய்தல் நிலத்துக்குரியவர்களா? அல்லது நெல் விளையும் மருத நிலத்திற்குரியவர்களா? என்ற வினா எழுகிறது. இதற்கு விடைகாணப் பின்வரும் நற்றிணை (183:1–5) பாடலொன்று உதவுகிறது.

> தம் நாட்டில் விளைந்த வெண்ணெல்லைக் கொண்டு சென்று பிறநாட்டில் விளைந்த உப்பினை அதற்கு விலையாகப் பெற்றுக்கொண்டு நீண்ட மணற்பரப்பில் தம் வண்டிகளை ஓட்டிக்கொண்டு சுற்றத்தாரோடு கடந்து செல்வர்.

உபரி உற்பத்தியின் தோற்றம் நிகழும் மருத நில வேளாண்மைச் சமூகத்தில் நெல்லைப் பண்டமாற்றுச் செய்யும் வணிகர்கள் தோன்றுவது ஏற்புடைத்து என்பதில் ஐயமில்லை.

உமணரின் உருவத்தோற்றம்:

பாலை நிலத்திற்குரிய பாதிரி மரத்தின் புதுப்பூக்களையும் எரியும் நெருப்புப் போன்ற இதழ்களையுடைய அலரிப் பூக்களையும் கலந்து வெண்நிற தாழம்பூவின் இதழில் தொடுத்துக் கட்டிய வண்டு மொய்க்கும் தலை மாலையைத் தலையில் அணிந்திருப்பா. நடக்கும்போது காலில் அணிந்துள்ள தோற் செருப்புக்கள் ஒலி எழுப்பும். கையில் கோலுடன் கூட்டமாகச் சென்றுகொண்டிருப்பார்கள். ஊர் திரண்டு வருவதுபோல் கூட்டமாகச் சேர்ந்து வரும் அவர்கள், தம் வண்டியினை இழுத்துப் பிடித்து, ஏறுவதற்கு அரிய மேடுகளில் ஏறுவர். அப்போது தளர்ச்சியுற்ற வலிமையான கால்களையுடைய எருமைக் கடாக்களின் வளைந்த மணிகள் ஒலி எழுப்பும். அவற்றைச் செலுத்தும் உமணர்கள் தம் வாயை மடித்து எழுப்பும் சீழ்கை ஒலியும் மணி ஒலியுடன் சேர்ந்து காட்டில் ஆரவாரம் தோன்றும். (அகம் 191: 1–9)

உமணர்களின் பயணம்:

கிழக்கில் உள்ள நெய்தல் நிலப்பகுதியில் விளைந்த உப்பை மேற்குப் பகுதிக்குக் கொண்டுசெல்வதை அகநானூற்றுச் செய்யுளொன்று (207: 1-7) பின்வருமாறு வருணிக்கிறது.

அணங்கு என்னும் பெண் தெய்வம் உறையும் கடல் நீர் பாய்ந்த உப்பு வயல்களில், வெம்மையால் காய்ந்த வெண்கல் அமிழ்தமான உப்பை மேற்குப் பகுதிக்குக் கொண்டுசெல்வர். அவ்வாறு செல்லும் முன், பறவையை மையமாகக்கொண்டு நல் நிமித்தம் பார்ப்பர். வழியில் பாதுகாப்பிற்காகப் படையையும் உருவாக்கிக்கொள்வர். பின்னர் செயலாற்றல் மிக்க ஆடவர்கள் உப்பு மூடைகளைக் கழுதைகளின் மீது அடுக்குவர். உப்பைச் சுமந்து சென்று அதன் முதுகு வெண்மையாகக் காட்சி தரும் அதன் கால் குழம்புகள் தேய்ந்து காணப்படும். அவை செல்லும் பாலை நிலத்து வழிகளில் அவற்றின் தேய்ந்த குழம்புகள் உதைத்தமையால் கற்கள் தடம் புரண்டு காட்சியளிக்கும்.

இவ்வாறு கழுதையின் மேல் மூடைகளை ஏற்றிச் செல்வது பரவலாகக் குறிப்பிடவில்லை. எருதுகள் பூட்டப்பட்ட வண்டி களில் அவர்கள் மேற்கொண்ட பயணம்தான் பரவலாகக் குறிப்பிடப்படுகிறது.

உமண்சாத்து:

உமணர்கள் ஒரு குழுவாகவே செயல்பட்டுள்ளதை 'கணஞ் சால் உமணர்' என்று அகநானூறு (169: 3-6) குறிப்பிடுகிறது.

உப்பு வணிகர் பலர் கூடிக் கடந்து சென்றதை 'உமணர் சேர்ந்து கழிந்த மருங்கின்' என்று குறுந்தொகை (124:1) குறிப்பிடு கிறது. எருதுகள் பூட்டிய உமணர்களின் வண்டிகள் கூட்டமாகச் செல்வதை 'உமண் எருது ஒழுகை' என்ற குறுந்தொகைச் செய்யுளாலும் (388:4) 'உப்பொய் உமணர் ஒழுகையோடு' என்ற அகநானூற்றுச் செய்யுளாலும் (310: 310) அறியமுடிகிறது. உமணர்களின் பயணத்தை 'ஊர் எழுந்தன்ன (ஊர் திரண்டு வருவதுபோல) உருகெழு செலவின்' என்று அகநானூறு (17:11) குறிப்பிடுகிறது.

பாதுகாப்பு கருதி உமணர்கள் கூட்டமாகத் தம் பயணத்தை மேற்கொண்டுள்ளனர். 'உமணர் சேர்ந்து கழிந்த மருங்கின்' (குறு 124:1) என்ற சங்கச் செய்யுள் அடி இதற்குச் சான்றாக அமைகின்றது. உமணர்கள் தம் தொழிலின் அடிப்படையில் ஓரிடத்தில் நிலையாக வாழாமல் இருப்பதை

உப்பிட்டவரை . . .

... நிலையா வாழ்க்கைக்
கணங்கொள் உமணர் ...

(ஓரிடத்திலும் நிலைத்து வாழாத வாழ்வினையுடைய கூட்ட மான உமணர்) என்று நற்றிணை (138: 2–3) குறிப்பிடுகிறது. வரிசை என்ற பொருளைத் தரும் ஒழுகை என்ற சொல்லாட்சி உமணர்களின் பயணத்தைக் குறிப்பிடும்போது பயன்படுத்தப் படுவது குறிப்பிடத்தக்கது. உமணர்கள் ஒரு குழுவாக இயங்கி யதை இச்சொல் உணர்த்துகிறது.

எருதுகள் பூட்டப்பட்ட வண்டிகளில் இவர்கள் தம் குடும்பத் துடன் பயணித்துள்ளனர். (நற்றிணை 183: 1–5). எருதுகளின் கழுத்தில் ஓசை எழுப்பும் வகையில் மணிகள் பூட்டப்பட் டிருந்தன. (அகம் 329: 5–6)

இவ்வாறு பயணிக்கும்போது தம் எருதுகளின் தாகம் தீர்க்க வழியில் கிணறுகளை வெட்டினர். (அகம் 295:9–11). அவை வழிப்போக்கர்களுக்கும் பயன்பட்டன. காட்டு வழியில் வண்டியின் அச்சு முறிந்தால் அதை எதிர்கொள்ளும் வழிமுறை யாக வண்டியின் சேமஅச்சு ஒன்றையும் உபரியாக எடுத்துச் சென்றனர். வழியில் வண்டி பழுதடைந்தால் அதை அங்கேயே கைவிட்டுச் சென்றனர். பயணத்தின்போது எருதுகள் முடமாகிப் போனாலும் நீரும் புல்லும் கொடாமல் அவற்றை ஆதரவின்றிக் கைவிட்டு தம் பயணத்தைத் தொடர்வர். (புறம் 313:3–7 நற்றிணை 138:3–4)

வண்டியை விரைவாகச் செலுத்தும்போது அதன் அச்சு நடுகற்களின் மீது உராய்ந்து செல்வதால் நடுகற்களின் எழுத்துக் களைத் தேய்த்து படிப்போர்க்குப் பொருள் மயக்கத்தை விளை விக்கும். (அகம் 173:8–11, 343:4–8). அவை ஆற்றின் துறைகளைக் கடந்து செல்லும்போது உமணர்கள் எழுப்பும் உரத்த ஒலி கேட்டு மான்கள் அஞ்சும். (அகம் 173:9–11)

பயணத்தின் இடையே வண்டியின் காளைகளை அவிழ்த்து மேயவிட்டுத் தாமும் சோறு பொங்கி அதை உண்டு இளைப்பாறிச் சென்றனர். (அகம் 159:1–4). அவர்கள் பயன்படுத்திய கல்லடுப்பு வழிப்போக்கர்களுக்கு உதவும். (அகம் 119:8–10). களிறுகள் சுவைத்துக் கழித்துப் போட்ட யா மரம் என்ற ஒருவகை மரத்தின் சுள்ளிகளை அடுப்பு மூட்டும் எரிபொருளாக உமணர் பயன்படுத்தினர் (அகம் 257:14–17). புலி கொன்று தின்றுவிட்டுப் போன யானையின் இறைச்சியைத் தீக்கடைக் கோலால் உருவாக்கிய சிறு தீயில் வாட்டி, அதைச் சோற்று உலையில் சமைத்து உண்பார்கள் (அகம் 169:3–7). உமணர்களின் வண்டிப்

பயணத்தில் கோழிகளும் (அகம் 310:14–15) குரங்குகளும் (சிறு பாணாற்றுப்படை 60) அவர்களுடன் பயணித்தன.

உமணர்களின் பெண்கள் 'நெல்லுக்கு இணையான அளவு உப்பு' என்று கூவியவாறு தம் கைவளையல்கள் ஒலிக்க கைவீசி விற்றுச் சென்றதை,

> நெல்லின் நேரே வெண்கல் உப்பு
> எனச் சேரி விலை மாறு கூறலின்

என்று அகநானூறு (140: 7,8) குறிப்பிடுகிறது. இதனால் நெல்லும் உப்பும் சமமதிப்பில் பண்டமாற்றுச் செய்யப்பட்டன என்பது தெரிய வருகிறது. அத்துடன் உப்பு விற்பனையில் உமணர் குலப்பெண்கள் ஈடுபட்டமையும் புலனாகிறது. உப்பு வாணிபம் செய்யும் இப்பெண்களை 'உமட்டியர்' என்று சிறுபாணாற்றுப் படை (வரி 60) குறிப்பிடுகிறது. இவர்களுடன் வந்த குரங்கு இவர்களது குழந்தைகளுடன் முத்துக்கள் இடப்பட்ட கிளிஞ்சலை கிலுகிலுப்பை போன்று ஆட்டி ஒலி எழுப்பி விளையாடியதாக சிறுபாணாற்றுப்படை (வரி 56–60) குறிப்பிடுகிறது.

மரம் என்ற பாலைநில மரத்தில் வாழும் 'சிள்வீடு' என்னும் வண்டுகள் ஒலி எழுப்புவது உப்பு வணிகரான உமணரின் மாடுகளது கழுத்தில் கட்டப்பட்ட மணியானது கூட்டமாக ஒலி எழுப்புவதை ஒத்திருக்கும் என்று ஔவையார் (அகம் 303: 17–18) குறிப்பிடுகிறார்.

வணிக நாடோடிகள்

பெரிய மலைகளுடன் கூடிய நாட்டுக்குச் சென்று உமணர் உப்பு விற்பதாகப் புறநானூறும் (386:16–17) உவர் நிலத்து விளையும் குன்று போன்ற உப்புக்குவியலை, மலை நாட்டகத்தே கொண்டு போய் உமணர் விற்பதாக நற்றிணையும் (138:1–2) குறிப்பிடுவதால் உமணரின் பண்டமாற்றுப் பொருளாக, நெல் மட்டுமின்றி மலைபடு பொருட்களும் அமைந்தன என்று கருத இடமுண்டு.

இவ்வாறு ஓரிடத்தில் நிலைத்து வாழாது, குடும்பத்துடன் இடம்பெயர்ந்து வாழும் தன்மையினால் உமணர்களை 'வணிக நாடோடிகள்' (Commercial Nomads) என்று குறிப்பிடுவது பொருத்தமாக இருக்கும்.

உமணர்களின் வளர்ச்சி நிலை

புகார் நகரின் மருவூர்ப்பாக்கம் பகுதியில் உப்பு விற்போரை 'வெள்ளுப்புப்பகருநர்' என்று சிலப்பதிகாரமும் (5:25) மணி மேகலையும் (28:31) குறிப்பிடுகின்றன. உமணர் என்ற சொல்

லாட்சி இங்கு இடம்பெறவில்லை. வண்டிகளில் அலைந்து திரியும் நிலைக்கு மாறாக ஓரிடத்தில் நிலைத்துவிட்ட நகர்சார் வணிகர்களாக உமணர்களில் ஒரு பிரிவினர் மாறிவிட்டதை இதனால் அறிகிறோம். கி.பி.9ஆம் நூற்றாண்டைச் சேர்ந்த திவாகர நிகண்டு 'உமணர் அளவர் உப்பமைப்போரே' என்று குறிப்பிடுகிறது.

சங்க காலத்தில் உப்பு உற்பத்தியாளராகப் பரதவர் விளங்க, உப்பு விற்கும் வணிகர்களாக உமணர் விளங்கியதை இதுவரை நாம் பார்த்தோம். திவாகர நூற்பா சுட்டும் 'அளவர்' என்போரை உப்பு வணிகர்களாகவே மதுரைக் காஞ்சி (117–119) சுட்டுகிறது. ஆனால் இங்கு 'உப்பமைப்போர்' (உப்பு உற்பத்தி செய்வோர்) என்று உமணரும் அளவரும் குறிப்பிடப்பட்டுள்ளனர். உப்பு வணிகர்கள் உப்பு உற்பத்தி செய்வோராக மாறியுள்ளனர்.

பரதவர்களிடமிருந்து உப்பு உற்பத்தி, உப்பு வணிகர்களாக விளங்கிய உமணரிடமும் அளவரிடமும் சென்றமைக்குத் தமிழ் நாட்டில் நிகழ்ந்த அரசியல் மாறுதலே காரணமாகும். ஐந்து திணைகளாகப் பகுக்கப்பட்டிருந்த சங்ககாலச் சமூகத்தில் திணை சார்ந்த பொருள் உற்பத்தி முறையே நிலவியது. அவ்வவ் திணை சார்ந்த மக்களே இதில் ஈடுபட்டு வந்துள்ளனர். இதன் அடிப்படையில்தான் நெய்தல் நிலத்திற்குரிய பரதவர்கள் உப்பு உற்பத்தியில் ஈடுபட்டு வந்துள்ளனர். திணை என்ற எல்லையைத் தாண்டித் தொழில் மேற்கொண்டவர்களாக, உப்பு வணிகர் களான உமணர்களும் அளவர்களும் விளங்கியுள்ளனர்.

பல்லவப் பேரரசு (கி.பி.4 – கி.பி.9) உருவான பின்னர் திணைச் சமூகம் சிதைவுற்றது. பேரரசுக்கு வருவாய் தரும் இனங்களில் ஒன்றாக உப்பு உற்பத்தி பார்க்கப்பட்டது.

'உப்பு எடுக்கும் தொழில் மன்னனுடைய ஏகபோக உரிமை யாகப் பாதுகாக்கப்பட்டு வந்தது' என்று பல்லவர்காலச் சமுதாயம் குறித்துக் குறிப்பிடும்போது கே.கே. பிள்ளை (1981:245) எழுதியுள்ளார்.

> 'உப்பளங்கள் அனைத்தும் அரசுக்குச் சொந்தமானவை யாகும். இவற்றைப் பெருந்தொகைக்குக் குத்தகைக்கு எடுத்தவர்களே உப்பளத்தை மேற்பார்வையிடும் தொழிலைச் செய்தனர்.'

என்று பல்லவர் காலப் பொருளியல் குறித்து எழுதும் ப. சண் முகம் (1997:55) குறிப்பிடுகிறார். மேலும் 'உப்புக்கோச் செய்கை' என்ற பெயரில் உப்புத் தொழிலுக்கு வரி விதிக்கப்பட்டதையும் (மேலது 76) குறிப்பிட்டுள்ளார். விசயநகரப் பேரரசின் ஆட்சியில்,

உப்பு மூடைகளுக்கு மட்டுமின்றி, வீட்டில் உப்புக் காய்ச்சும் பானைகளுக்கும் வரி விதிக்கப்பட்டதாக, தே.வே. மகாலிங்கம் (*1990:80*) குறிப்பிடுகிறார்.

இயற்கை வளங்களைப் பயன்படுத்தும் உரிமை திணை சார்ந்த மக்களிடம் இருந்து அரசின் கட்டுப்பாட்டிற்குள் போய்விட்டதை இச்செய்திகள் உணர்த்துகின்றன. அத்துடன் பண்டமாற்று முறை மறைந்து நாணய முறை பரவலாகும்போது அதை அதிக அளவில் தம்வசம் வைத்திருக்கும் வாய்ப்பு வணிகர்களிடம்தான் உண்டு. இதன் அடிப்படையில் அரசின் வருவாய்த் தேவையை நிறைவு செய்யும் வளம் பெற்றிருந்த உமணர்கள், உப்பு உற்பத்தியைப் பரதவரிடமிருந்து பறித்துக் கொண்டமை தவிர்க்க முடியாத வரலாற்று நிகழ்வுதான். இவ்வுண்மையைத்தான் பல்லவர்கால 'திவாகரம்' குறிப்பிட்டுள்ளது.

3

தமிழர் சமூக வரலாற்றில் உப்பு

உப்பின் பயன்பாட்டை 'சமூக வரலாற்றில்' 'சமூக வாழ்வில்' என இரண்டாகப் பகுக்கலாம். ஒரு சமூகத்தின் வரலாற்றில், உப்பு உற்பத்தியும் அது விநியோகமான முறையும் உப்பு மீதான வரிவிதிப்பு, அரசின் கட்டுப் பாடுகள் ஆகியனவும் சமூகவரலாறு சார்ந்தவை. ஒரு குறிப்பிட்ட சமூகத்தில் உப்பின் பல்வேறு பயன்பாடுகள், அதை மையமாகக்கொண்டு உருவான நம்பிக்கைகள், பழக்கவழக்கங்கள் ஆகியன அச்சமூகத்தின் சமூக வாழ்வு அல்லது பண்பாடு சார்ந்தவை.

காலம்தோறும் தமிழர் சமூக வரலாற்றில் நிகழ்ந்த உப்புமீதான அரசின் அணுகுமுறை இவ்வியலில் ஆராயப் படுகிறது.

உப்பு வணிகமும் உப்பு வரியும்

நெய்தல் நிலத்தில் மட்டுமே உற்பத்தியாகும் உப்பினை, ஏனைய நிலப்பகுதிகளுக்குக்கொண்டு செல்லும் பணியினை உமணர் என்போர் மேற்கொண் டிருந்ததை சென்ற இயலில் கண்டோம். மருதநிலத்தைச் சேர்ந்த உமணர்கள், கழுதைகள் மற்றும் மாட்டு வண்டி களின் வாயிலாக உப்பைக் கொண்டுவந்து அவற்றை நெல்லுக்குப் பண்டமாற்றுச் செய்தனர். இப்பண்டமாற்று முறையில் நெல்லின் மதிப்பும் உப்பின் மதிப்பும் சம அளவிலேயே இருந்துள்ளது. (அகம் 140: 7 – 8)

உமணர்கள் அரசுக்கு வரிசெலுத்தியது தொடர்பான குறிப்பு எதுவும் சங்க இலக்கியத்தில் இடம்பெறவில்லை. ஆனால் உற்பத்தியான உப்புக்கும் அதைக்கொண்டு செல்வதற்கும் வரிவாங்கப்பட்டதைப் பிற்காலக் கல் வெட்டுக்கள் குறிப்பிடுகின்றன.

கி.பி. பன்னிரெண்டாம் (1126) நூற்றாண்டுக் கல்வெட் டொன்று 'உப்புக்காசு' என்ற பெயரிலான வரியைக் குறிப்பிடு கிறது.

கி.பி. பதினான்காம் நூற்றாண்டைச் சேர்ந்த பிரான்மலைச் சொக்கநாதர் கோவில் கல்வெட்டொன்று,

உப்பு பொதி* ஒன்றுக்கு காசு ஒன்று
உப்பு பாக்கத்துக்கு** காசு அரையும்
உப்பு தலைச்சுமை ஒன்றுக்கு காசு அரையும்
உப்பு வண்டி ஒன்றுக்கு காசு பத்தும்

என்று குறிப்பிடுகிறது. இதே கல்வெட்டு

நெற்பொதி ஒன்றுக்குக் காசு ஒன்றும்
நெற்பாக்கம் ஒன்றுக்குக் காசு அரையும்
நெல்வண்டி ஒன்றுக்குக் காசு பத்தும்

என்று குறிப்பிடுகிறது. (தெ.இ.க 8:442). உப்புக்கு இணையான வரியே நெல்லுக்கு வாங்கப்பட்டதை இதனால் அறிகிறோம். சங்ககாலத்தைப் போன்றே பதினான்காம் நூற்றாண்டிலும் நெல்லும் உப்பும் சம மதிப்பில் இருந்ததை இவ்வரி விதிப்புமுறை உணர்த்துகிறது.

விற்பனைக்காக உப்பை எடுத்துச் செல்லும்போது விதிக்கப் பட்ட வரி, 'உப்பு வழிச் சாரிகை' என்று பதினான்காம் நூற் றாண்டுக் கல்வெட்டில் குறிப்பிடப்பட்டுள்ளது. (தெ.இ.க 8: 245)

மன்னர்களும் உப்பு உற்பத்தியும்

சங்ககாலத்தில் நெய்தல்நிலப் பரதவர்களிடம் இருந்த உப்பு உற்பத்தி (அகம் 366:6-7, குறு 269:3-6.) பல்லவர் ஆட்சிக் காலத்தில் அரசுக்கும் வணிகர்களுக்கும் உரியதாக மாற்ற மடைந்தது. 'உப்பெடுக்கும் தொழில் மன்னருடைய ஏகபோக உரிமையாகப் பாதுகாக்கப்பட்டு வந்தது' என்று கே.கே.பிள்ளை (1981:245) குறிப்பிடுகிறார். இத்தகைய அளங்கள், 'கோ அளம்' எனப்பட்டன. வருவாய் தரும் தொழிலாக உப்பு உற்பத்தி நோக்கப்பட்டது.

சடையவர்மன் நான்காம் சுந்தரபாண்டியனின் ஆறாம் ஆட்சியாண்டுக் (1326-24) கல்வெட்டொன்று திருநள்ளாறு தர்ப்பாரண்யேஸ்வரர் கோவிலின் ராஜமண்டபத்தில் காணப் படுகிறது. (விஜயவேணுகோபால் 2006:460). அக்கோவிலின் தானத்தார்க்கு அவன் விடுத்த கட்டளையொன்று அதில் பின்வருமாறு இடம்பெற்றுள்ளது:

---
* பொதி – பெரிய மூட்டை
** பாக்கம் – சிறிய மூட்டை

இன்னாயனார் திருநாமத்துக் காணியி(ெ)ல
தரிசு கிடந்த நிலத்திலெ ஒரு கண்டமும்
ஒரு கேணியும்* தருசு திருத்தி, உப்பு படுத்து
முதலான உப்பு புறநாட்டிலெ விற்று இம்முதல்
கொண்டு திருமார்கழித் திருவாதிரை திருநாள்த்
தாழ்வுபடாமல் எழுந்தருளப் பண்ணவும்.

மார்கழித் திருவாதிரைத் திருநாள் நடத்தும் செலவுக்காகப் புதிதாக உப்பளம் ஒன்று உருவாக்கப்பட்டுள்ளதை இக்கல் வெட்டு உணர்த்துகிறது.

திணைச் சமூகமாக இருந்த சங்ககாலத்தில் பண்டமாற்று செய்யப்படும் பொருளாக இருந்த உப்பு, வருவாய் தரும் பொருளாக மாறிவிட்டதை இவற்றால் அறிகிறோம்.

இராமநாதபுரம் துர்க்கை அம்மனுக்கு அல்லிகுளம் என்ற கிராமத்தை ரகுநாத திருமலை சேதுபதி (1647–1672) என்பவர் 10.10.1659இல் கொடையாக வழங்கியுள்ளார். அங்குள்ள உப்பளத்தில் குடி ஒன்றுக்கு இரண்டு பணம் வழங்க வேண்டுமென்று அக்கொடையைக் குறிக்கும் செப்பேட்டில் கட்டளையிடப் பட்டுள்ளது. (இராசு 1994:77)

கொடைப் பொருளாக உப்பும் உப்பளமும்

'வடஇந்தியாவில் தாவர உணவை உண்டு வாழ்ந்த தீவிர மான தவசிகள் உப்பை மட்டுமே பணிதக் கரங்களிலிருந்து பெற இசைந்தனர்' என்று கோசாம்பி (1989:185) குறிப்பிடுகிறார். இதையொத்த செய்தி சோழர்காலக் கல்வெட்டில் இடம் பெற்றுள்ளது.

முதலாம் குலோத்துங்கச் சோழனின் (1070–1120) நான்காவது ஆட்சியாண்டுக் கல்வெட்டொன்று (தெ.இ.க.8:31) செங்கல் பட்டு மாவட்டம் செய்யூர் வால்மிகநாதர் கோவில் மண்டபத் தின் வடக்குச் சுவரில் உள்ளது. அதில் பரதேசிகளுக்கு உப்பு வழங்குவது குறிப்பிடப்பட்டுள்ளது. பரதேசி என்பது வெளியூர்க் காரர்களையும் குறிக்கும்.

இப்பழக்கம் நாயக்கர் ஆட்சிக் காலத்திலும் தொடர்ந் துள்ளது. திருமலை நாயக்கர் காலத்தையச் செப்பேடு, (நடன காசிநாதன் 1994:58)

யாதம்மொரு வந்தபேருக்கு உப்பு
ஊறுகாய் நீராகாரம்

---

* கேணியும்–கிணறும்

வழங்குவதைக் குறிப்பிடுகிறது. கன்னியாகுமரியில் உள்ள குகநாதசுவாமி கோவிலில் கிடைத்துள்ள கல்வெட்டுகளில் ஒன்று, ராஜராஜசோழன் பிறப்பித்த ஆணை ஒன்றைக் குறிப்பிடுகிறது. அவ்வாணையின்படி 'நாஞ்சில் நாட்டு மணற்குடியில் உள்ள பேரளத்தில் விளையும் உப்பில், ஒரு கலம் உப்பிற்கு ஒரு நாழி உப்பு என்ற விகிதத்தில் சேகரித்து அதை 'உப்பு உறையாக' ராஜராஜப் பெருஞ்சாலைக்கு வழங்க வேண்டும். (கோபிநாத்ராவ் 1988:241–42). இக்கல்வெட்டில் இடம்பெறும் 'உப்பு உறை' என்ற சொல்லுக்கு கோபிநாத்ராவ் (1988:240) பின்வரும் விளக்கத்தைத் தருகிறார்:

> "உறை என்ற சொல் தற்போதும்கூட திருச்சிராப்பள்ளி தஞ்சை மாவட்டங்களில் பரவலாகப் பயன்படுத்தப்படுகிறது. தானியம் மற்றும் இதர பொருட்கள் அளக்கப்பட்டதும் அளக்கப்பட்ட பொருளில் அறுபது மரக்காலுக்கு ஒரு கைப்பிடியளவு என எடுத்து, கூறாக வைப்பர். இக்கூறுகளின் எண்ணிக்கை, எத்தனை அறுபது மரக்கால்கள் அளக்கப்பட்டன என்பதை உணர்த்தும். இக்கூறுகள் 'உறை' எனப்படும். மரக்காலால் அளப்பவர், தாம் அளக்கும் மரக்கால்களின் எண்ணிக்கையை உரக்கக் கூவியவாறு அளப்பார். ஐம்பத்தொன்பதாவது மரக்காலை அளந்து முடித்துவிட்டு, 'அறுபதுக்கு உறை' என்று கூறி அளப்பார். அறுபதாவது மரக்காலுக்கு ஓர் உறை என்பதே இதன் பொருள்."

இவ்விளக்கத்தைக் கூறிவிட்டு ஒரு மரக்காலுக்கு, ஒரு கைப்பிடி என்றில்லாமல் ஒரு நாழி என்ற அளவு உப்பு சேகரிக்கப்பட்டு வழங்கப்பட்டுள்ளது என்கிறார்.

கோபிநாத்ராவின் இவ்விளக்கம் பொருத்தமானது என்பதை முன்னர் குறிப்பிட்ட செய்யூர் வால்மிகநாதர் கோவில் கல்வெட்டும் உறுதிசெய்கிறது.

அக்கல்வெட்டில், '. . . பரதேசிகளுக்கும் மற்றும் காசுக்குக் கொண்டார்க்கும் அளந்து முறப்பட்ட உப்பில் உப்புப்பிடி வைத்து பரிசாவது' என்ற தொடரில் இடம்பெறும் 'உப்புப் பிடி' என்ற சொல் உப்பு அளக்கும்போது ஒரு பிடி உப்பை எடுத்து வைக்கும் செயலை உணர்த்துகிறது. மேலும் உப்பளங்களில் விளைந்த உப்பை விற்கும்போது உப்புப்பிடியால் கிடைக்கும் உப்பை எந்தெந்த தெய்வங்களுக்குப் பகுத்து வழங்க வேண்டுமென்பதும் தெளிவாகக் குறிப்பிடப்பட்டுள்ளது. சான்றாக '. . . வடக்கு நடுவுள்ள அளங்களில் உப்புப்பிடியாலுள்ளது. புற்றிடம்கொண்டருளின மகாதேவர்க்கு இரு கூறும்,

இவ்வூர் பள்ளியறை நாச்சியாற்கு ஒரு கூறும் கொள்வதாகவும்' என்ற தொடரைக் குறிப்பிடலாம்.

உப்பு மட்டுமின்றி உப்பு விளையும் உப்பளங்களும் கொடைப்பொருளாக வழங்கப்பட்டுள்ளன. சோழ மன்னனான ராஜகேசரிவர்மன் என்ற ராஜராஜ தேவன் தனது 19ஆவது ஆட்சியாண்டில் மரக்காணம் பூமிவரத்தாழ்வார் கோவிலில் விளக்கெரிக்க ஆகும் செலவிற்காக உப்பளம் ஒன்றைத் தானமாக வழங்கியுள்ளான். (க.ஆ.அ 1919:50:23)

இதே கோவிலில் இரண்டு விளக்குகள் எரிக்க, உப்பளம் ஒன்றின் வரிகளைக் கொடையாக பரகேசரிவர்மன் என்ற ராஜேந்திர சோழ தேவன் வழங்கியுள்ளான் (மேலது 24). தம்மையா தேவ மகாராயா என்ற சாளுவ மன்னனும் உப்பளம் ஒன்றைக் கொடையாக வழங்கியதை இக்கோவிலில் உள்ள கல்வெட்டு தெரிவிக்கிறது. (மேலது 25)

உப்பு ஊழியம்

தமிழ்நாட்டில் மன்னர் ஆட்சிக்காலத்தில் 'வெட்டி' என்ற பெயரில் நிலவிய ஊதியமல்லா கட்டாய வேலை முறை 'ஊழியம்' என்ற பெயரில், தென்திருவிதாங்கூர் மன்னர் ஆட்சிப்பகுதியில் நிலவியது. பல்வேறு வகையான ஊழியங்கள் மக்கள்மீது சுமத்தப்பட்டிருந்தன. இவற்றுள் ஒன்று 'உப்பு ஊழியம்' ஆகும். கன்னியாகுமரி மாவட்டக் கடற்கரைப் பகுதியில் எடுக்கப்படும் உப்பில் ஒரு பகுதியை திருவட்டாறு, நாகர்கோவில், சுசீந்திரம், கன்னியாகுமரி ஆகிய ஊர்களில் உள்ள கோவில் மடப்பள்ளிகளுக்குச் சுமந்து சென்று வழங்க வேண்டும். இவ்வாறு வழங்கும் உப்புக்கு விலை கிடையாது. சுமைகூலியும் கிடையாது. ஆனால் இப்பணியைச் செய்யாவிடில் தண்டனை உண்டு.

ஆங்கில ஆட்சியில் உப்புத் தொழில்

ஆங்கிலக் கிழக்கிந்தியக் கம்பெனியின் ஆட்சி 19ஆம் நூற்றாண்டின் தொடக்கத்தில் வலுவாக நிலைபெற்றுவிட்டது. இதன் பின்னர் அது 1802ஆம் ஆண்டில் உப்பு உற்பத்தியிலும் விற்பனையிலும் தன் ஏகபோக உரிமையை அறிவித்தது. கிழக்கிந்தியக் கம்பெனிக்கென்று சில அளங்களை அது தன் பொறுப்பில் எடுத்துக்கொண்டது. பிற உப்பளங்களையும் தன் கட்டுப்பாட்டிற்குள் கொண்டுவந்தது.

ஆங்கில ஆட்சி நிலைபெற்ற பின் முத்து, சங்கு, மீன், உப்பு ஆகிய பொருட்களின் வாணிபத்தில் தங்கள் இனத்தவரே

இருக்கும்படிச் செய்தனர். இதனால் குறைந்த மூலதனத்துடன் மேற்கூறிய பொருட்களின் வாணிபத்தில் ஈடுபட்டிருந்த இஸ்லாமியர் ஓரங்கட்டப்பட்டனர். *(Raja Mohamed 20004: 15 - 16)*

இராமநாதபுரம், திருநெல்வேலிப் பகுதிகளின் கடலோரத்தில், உப்பள உரிமையாளர்களாக இருந்த இஸ்லாமியர்கள் தம் உப்பு வாணிபத்தை இழந்தனர். வெள்ளையர்களும் அவர்களுக்கு நெருக்கமாக இருந்த செட்டியார்களும் உப்பு வாணிபத்தில் ஆதிக்கம் செலுத்தலாயினர். (மேலது *194–195*)

*1805*ஆம் ஆண்டுவாக்கில் தாம் உற்பத்தி செய்த உப்பை, கிழக்கிந்தியக் கம்பெனிக்கு மட்டுமே உப்பு உற்பத்தியாளர்கள் விற்றாக வேண்டும் என்ற நிலை உருவானது. அதற்கான விலையையும் கம்பெனியே நிர்ணயித்தது. அரசைத் தவிர வேறு யாரிடமும் உப்பை விற்பது சட்ட விரோதம் என்று அறிவிக்கப்பட்டது.

கடல்நீரினால் தயாரிக்கப்படும் உப்புக்குக் கட்டுப்பாடு விதித்த ஆ.கி. கம்பெனி உவர்மண்ணிலிருந்து உப்பு உற்பத்தி செய்வதை அடியோடு தடை செய்தது. இது தொடர்பாக *1889*ஆம் ஆண்டில் வெளியான உப்புவரிச் சட்டம் பின்வரும் விதிமுறைகளை அறிமுகப்படுத்தியது.

அ. ஒருவன் இச்சட்டப்படி அனுமதியின்றியோ அனுமதிக்கப்பட்ட அளவுக்கு மேலோ உப்பினைக் கொண்டு செல்லக்கூடாது. மேலும்,

ஆ. விவசாயம் அல்லது கட்டிடத்திற்கான அடித்தளம் தொடர்பாக அல்லாமல் வேறு எக்காரணத்திற்காகவும் உவர் மண்ணைத் தோண்டி குவித்தாலும் அது சட்டத்திற்குப் புறம்பாக உப்புச் சேகரித்ததாக கருதப்படும். மேலும்,

இ. உவர் மண்ணைத் தோண்டியோ சேகரித்தோ உப்புத் தயாரிப்பதைவிட வேறு வகையில் உப்புத் தயாரித்தால் அது கள்ளத்தனமானதாக உப்புத் தயாரித்ததாகக் கருதப்படும். மேலும்,

ஈ. உவர் மண்ணைத் தவிர வேறு உப்பினை அது கள்ளதனமாகத் தயாரிக்கப்பட்டதெனத் தெரிந்துகொண்டோ தெரிந்துகொள்ள முயற்சி ஏதும் செய்யாமலோ விலைக்கு வாங்குவது, பெற்றுக்கொள்வது, வைத்திருப்பது, விற்பது, நிறுப்பது ஆகியன குற்றமாகும். மேலும்,

உ. இச்சட்டத்தில் குறிப்பிட்டபடி முறைப்படியான உரிமம் இன்றி வெடியுப்புத் தயாரித்தல் குற்றமாகும். மேலும்,

ஊ. இந்தியக் குற்றவியல் சட்டத்தை மீறும்படியாக உப்புத்தொழில் தொடர்பான செயல்களில் ஈடுபடுதலும் மேற்கண்ட விதிகளைமீறி செயல்படுவதும் ஆகியவற்றில் ஈடுபடுவோர்,

மேற்கண்ட ஒவ்வொரு குற்றத்திற்கும் ஆறு மாதம் கடுங்காவல் தண்டனை அல்லது ஐந்நூறு ரூபாய் அபராதம் விதிக்கப்படுதற்குரியர் அல்லது இவ்விரு தண்டனைகளும் ஒருசேர அவர்களுக்கு விதிக்கப்படலாம்.

உப்பின் மொத்த விற்பனையில் ஆதிக்கம் செலுத்திய ஆங்கில அரசு, அதன் விலையைப் படிப்படியாக உயர்த்தி வந்தது. இது குறித்து சிரினிவாசராகவ அய்யங்கார் (*1988:116*) பின்வரும் பட்டியலை வெளியிட்டுள்ளார்.

ஆண்டு		மணங்கு ஒன்றிற்கு		
1805 முதல் நவம்பர் *1809*வரை	–	*0*	*9*	*4*
நவம்பர் *1809* முதல் *1820*வரை	–	*0*	*14*	*0*
1820 முதல் ஜூன் *1828*வரை	–	*0*	*9*	*4*
ஜூன் *1828* முதல் *31* மார்ச் *1844*வரை	–	*0*	*14*	*0*
ஏப்ரல் *1844* முதல் ஜூலை *1859*வரை	–	*1*	*0*	*0*
ஆகஸ்ட் *1859* முதல் ஏப்ரல் *1861*வரை	–	*1*	*2*	*0*
ஏப்ரல் *1861* முதல் ஜூன் *1861*வரை	–	*1*	*6*	*0*
ஜூன் *1861* முதல் *1865 – 66*வரை	–	*1*	*8*	*0*
1865 – 66 முதல் அக்டோபர் *1869*வரை	–	*1*	*11*	*0*
அக்டோபர் *1869* முதல் டிசம்பர் *1877*வரை	–	*2*	*0*	*0*
டிசம்பர் *1877* முதல் மார்ச் *1882*வரை	–	*2*	*11*	*0*
மார்ச் *1882* முதல் ஜனவரி *1888*வரை	–	*2*	*3*	*0*
ஜனவரி *1888* முதல் தற்போதுவரை	–	*2*	*11*	*0*

ஆங்கில அரசின் ஆவணங்களின் அடிப்படையில் கே.வி. ஜெயராஜ் (*1984:68–71*) எழுதியுள்ள பின்வரும் செய்திகள், உப்பு உற்பத்தியிலும் விநியோகத்திலும் ஆங்கில அரசு உருவாக்

கிய ஏகபோக உரிமை செயல்பட்ட முறையை நாம் அறியச் செய்கிறது.

உப்பள வேலையாட்கள் உப்பளத்தைவிட்டு வெளியேறு வதற்காக, கதிரவன் மறைவதற்கு அரைமணி நேரத்திற்கு முன்னரும் உப்பள உரிமையாளர்கள் வெளியேறுவதற்காக கதிரவன் மறைந்தவுடனும் தமுக்கடிக்கப்பட்டது.

இவர்கள் வெளியே செல்வதற்காக ஒரு பாதை குறிப்பிடப் பட்டு அங்கு காவலாளி ஒருவர் நிறுத்தப்பட்டார். யாரும் உப்பை வெளியே கொண்டுசெல்லாமல் கண்காணிப்பது இவரது பணி.

உப்பு உற்பத்தியானதும் அது அளந்து பெறப்பட்டது. உப்பு உற்பத்தியாளர், கணக்கர், அரசு அலுவலர் ஆகியோர் முன்னிலையில் இந்த அளவிடுதல் நடைபெற்றது.

பெறப்பட்ட உப்பின் அளவைக் குறிப்பிட்டு உப்பு உற்பத்தி யாளருக்கு கணக்கர் ஒரு சீட்டுக் கொடுப்பார். இச்சீட்டில் அலுவலரின் கையொப்பம் இடப்பட்டது. இவ்வாறு பெறப்பட்ட உப்பு மொத்தமாக ஒரு உயரமான தளத்தில் குவிக்கப்பட்டது.

இத்தளங்கள் தரைக்கு மேல் நான்கு அடி உயரத்தில் இருந்தன. ஏனென்றால் மழைக்காலத்தில் தரையின் நீர்மட்டம் உயரும். மொத்தமாகச் சேகரிக்கப்பட்ட உப்பு அனைத்தையும் குவிக்கும் அளவிற்கு பெரிய தளங்களைக் கட்டுவது, மாவட்ட ஆட்சித் தலைவரின் பொறுப்பு. இத்தகைய தளங்கள் எண்ணிக்கை யில் குறைவாகவும் அளவில் பெரியதாகவும் இருந்தன. இவற் றைக் காவல் காக்கும் காவலருக்கு அங்கேயே குடிசைகள் கட்டித் தரப்பட்டன. இத்தளங்களைச் சுற்றி தடுப்பு வேலிகளும் குடில்களும் அமைக்கப்பட்டன. ஒரு பெரிய வாயிற்கதவும் அமைக்கப்பட்டது. உப்பை அளப்பதற்கும் தளத்தில் இடம் ஒதுக்கப்பட்டது. அனைத்துக் குவியல்களும் ஒரே அளவைக் கொண்டிருந்தன. அதாவது 10 கராஸ்*க்கு குறையாமலும் 20 கராஸ்க்கு மிகாமலும் இருந்தன. இவ்வாறு அளப்பதற்குப் பொதுவான அளவிலான பாத்திரம் வழங்கப்பட்டது. அனைத்துக் குவியல்களும் வரிசை வரிசையாக (இடையில் ஒருவர் மட்டும் செல்வதற்குப் பாதை விட்டு) அமைக்கப்பட்டன. ஏற்றுமதிக்கான உப்பிற்கும் இவ்விதிமுறைகள் பொருந்தும்.

உப்புக் குவியல்கள் அமைக்கப்பட்டவுடனேயே உற்பத்தி யாளர்களுக்குப் பணம் கொடுக்கப்பட்டது. கணக்கில்

---

* ஒரு கராஸ் *(Garce)* – 1454 பவுண்ட். ஒரு பவுண்ட் என்பது 0.454 கிராமிற்கு இணையானது.

குறிக்கப்பட்ட உப்பு அளவிற்கும் வந்து சேர்ந்த அளவிற்கும் வேறுபாடு இருப்பின் அதற்குக் கண்காணிப்பாளரே பொறுப்பானார். உப்பு மொத்த குவியலாக விற்கப்பட்டால் ஒரு கராஸ் ரூ. 100க்கும் அளவிட்டு விற்கப்பட்டால் கராஸ் ரூ. 105க்கும் விற்கப்பட்டது. முடிந்தவரை ஒரு குவியல் ஒரே வேலையாளால் விற்கப்பட்டது.

ஒவ்வொரு குவியலும் விற்கப்பட்ட பின்னர் அதற்கெனத் தனிக்கணக்கு எழுதப்பட்டு, அது மாவட்ட ஆட்சியரிடம் கொடுக்கப்பட்டது. மாவட்ட ஆட்சியரால் நிர்ணயம் செய்த அளவிற்கு மேல் கணக்கில் வேறுபாடு இருப்பின், அந்த வேலையாள் பணியில் இருந்து நீக்கப்பட்டார். மரக்கால் கொண்டும் உப்பு அளக்கப்பட்டது. ஒருவருக்கு 40 மரக்கால்களுக்குக் குறையாமல், மாவட்ட ஆட்சியர் நிர்ணயம் செய்த அளவுக்கு உப்பு விற்கப்பட்டது.

கதிரவன் உதித்தது முதல் மறையும்வரை மட்டுமே உப்பு விற்கப்பட்டது. கதிரவன் மறைந்த பின்னர் மறுநாள் காலைவரை காவல்காரரைத் தவிர வேறு யாரும் உப்புக் களத்தில் இருக்கக் கூடாது. உப்புத் தளத்திற்கு 100 கஜம்வரை உள்ளூர் வர்த்தகர்களும் லம்பாடிகளும் அனுமதிக்கப்படவில்லை. ஒரு இடத்தில் இருந்து மற்றொரு இடத்திற்கு உப்பு கொண்டு செல்லப்படும் போது உப்பின் அளவு குறிக்கப்பட்ட சீட்டு வழங்கப்பட்டது.

குவியல்கள் நெடுந்தூரம் பரவிக் கிடந்ததால் தலைமைக் காவலாளி ஒருவர் நியமிக்கப்பட்டார். நாணயமாக வேலை செய்யவேண்டும் என்பதற்காகவே அவருக்கு மாதம் ரூ. 15க்குக் குறையாமல் ஊதியம் வழங்கப்பட்டது. இந்தத் தலைமைக் காவலாளி மாவட்ட ஆட்சியரின் நேரடிக் கட்டுப்பாட்டில் இருந்தார்.

இதன் பின்னர் 1830இல் மேலும் புதிய விதிமுறைகள் உருவாக்கப்பட்டு, 30 சட்டங்களாகப் பிறப்பிக்கப்பட்டன. உப்பைக் கொண்டுசெல்வதற்கான அனுமதிச் சீட்டுகளில் உப்பின் அளவும் அது கொண்டுசெல்லப்படும் இடமும் குறிக்கப்பட்டன.

ஆனால் இந்த அனுமதிச் சீட்டை, உப்பைக் கொண்டு சேர்த்த இடத்தில் கொடுக்க வேண்டியதில்லை என 1853ஆம் ஆண்டில் முடிவு செய்யப்பட்டது. இந்த அனுமதிச்சீட்டு இரண்டு நாளுக்கும் முப்பது மைல் தொலைவுவரையும் செல்லுபடியாகும். உப்புக் கடத்தலைத் தவிர்ப்பதற்கே இக்கட்டுப்பாடுகள் விதிக்கப்பட்டன.

ஆ. சிவசுப்பிரமணியன்

உப்பைக் கொண்டுசெல்வதில் காலதாமதம் ஏற்படக்கூடும் என்பதால் மழைக் காலங்களில், மாவட்ட ஆட்சியரால் கால அளவு நீட்டிக்கப்பட்டது.

இதனைத் தொடர்ந்து, 1857ஆம் ஆண்டு, 30 மைல் தொலைவு அல்லது இரண்டு நாள் பயணதூரம்வரை மட்டுமே அனுமதிச் சீட்டு தேவை என முடிவு செய்யப்பட்டது.

இதனைத் தவிர்த்த வேறு இடங்களுக்கு அது தேவை இல்லை எனவும் முடிவு செய்யப்பட்டது. எனவே உப்பு அது உற்பத்தி செய்யப்பட்ட இடத்திற்கு முப்பது மைல் தொலைவுவரை மட்டுமே கொண்டுசெல்லப்பட்டது. இந்த முப்பது மைல் தொலைவு வரை ரசீது இல்லாமல் கொண்டு செல்லப்பட்ட உப்பு அனைத்தும் பறிமுதல் செய்யப்பட்டது. எனவே உப்பு உற்பத்தி செய்யப்பட்ட இடமும் கொண்டு செல்லப்படும் இடமும் அனுமதிச்சீட்டில் குறிக்கப்பட்டன. இதே போன்று அனுமதிச்சீட்டு வழங்கப்பட்டு இரண்டு நாட்களுக்குப் பின்னர் முப்பது மைல் தூரத்திற்குள் கைப்பற்றப்படும் உப்பு பறிமுதல் செய்யப்படும் என்பதையும் அதில் குறிப் பிட்டனர்.

இவ்வாறு ஆங்கிலக் கிழக்கிந்தியக் கம்பெனியானது, உப்பு விற்பனையில் தன் ஏகபோக உரிமையைப் பாதுகாத்து ஆதாய மடைந்து வந்தது. அதேநேரத்தில் உப்பைப் பயன்படுத்தும் மக்கள் உப்பின் விலை ஏற்றத்தால் மிகவும் பாதிக்கப்பட்டனர். இது குறித்து பிரிட்டிஷ் பாராளுமன்ற காமன்ஸ் சபை, தன் பொறுக்குக்குழு (Select Commitee) வாயிலாக இந்தியாவில் விதிக்கப் படும் உப்புவரி தொடர்பான சாட்சியங்களைச் சேகரித்தது. அதன் அடிப்படையில் சென்னையில் செயல்பட்டுவந்த 'மெட்ராஸ் நேட்டிவ் அசோசியேசன்' என்ற அமைப்பின் சார்பில் டி. ராமசாமி என்பவரும் இன்னும் சிலரும் கையெழுத் திட்ட, பின்வரும் மனு ஒன்று 1853இல் அக்குழுவிற்கு அனுப்பப் பட்டது.

> அரசாங்கம் 1806இல் உப்புத்துறையைக் கட்டுப்படுத்தவும் நிர்வகிக்கவும் ஒரு தனி அமைப்பை உருவாக்கியதன் விளைவால் ஒரு கராஸ் உப்பின் விலை இரு மடங்கானது அதாவது ரூபாய் எழுபதாக உயர்ந்தது. அப்போது மூன்று ஆண்டுகளின் சராசரி உபயோகம் 31,685 கராசாக இருந்தது. அதன்பின் உப்பின் விலை ரூபாய் எழுபதில் இருந்து ரூபாய் நூற்றைந்தாக உயர்ந்தது. இக்கட்டுப்பாடு வரு வதற்கு முன்பிருந்த விலையைவிட இது மூன்று மடங்கு அதிகம். ஆனால் இந்த விலையேற்றத்தால் பயன்பாடு குறைந்ததால், உப்பின் விலை மீண்டும் எழுபது ரூபா

யாகக் குறைக்கப்பட்டது. எட்டு ஆண்டுகளுக்குப் பின்னர் விலை மீண்டும் ரூ. 105ஆக உயர்ந்து, 1844ஆம் ஆண்டு ரூ. 180ஐத் தொட்டது. அதே ஆண்டு ரூ. 120 ஆகக் குறைந்து, அதே விலையில் தொடர்ந்தது. இது மொத்த விற்பனை விலை. முன்பணம் கட்டி இவ்விலையில் உப்பை வாங்கிய வியாபாரிகள், மக்களுக்குச் சில்லறையாக விற்கும்போது தங்களுடைய லாபத்தையும் சேர்த்ததால், சில்லறை விலை இன்னும் அதிகமாக இருந்தது.

இதனால் மக்கள் தங்களுடைய பயன்பாட்டில் உப்பைத் தவிர்க்க வேண்டி இருந்தது அல்லது உப்பு மணலில் இருந்து உப்பைத் தங்களுக்கெனத் தயாரித்துக்கொண்டனர். ஆனால் இவ்வாறு தயாரித்தவர்களுக்குத் தண்டம் விதிக்கப்பட்டது அல்லது பிரம்படி தரப்பட்டது. இத் தண்டனையை வழங்கும் அதிகாரம் மாவட்ட ஆட்சித் தலைவருக்கோ அல்லது அவருடைய தாசில்தாருக்கோ வழங்கப்பட்டிருந்தது.

இதனையொத்த மனு ஒன்று கல்கத்தாவில் செயல்பட்டு வந்த பிரிட்டிஷ் இந்தியர் கழகத்தின் சார்பிலும் அனுப்பப் பட்டது. அதில் உப்புத்துறை ஊழியர்கள் நீதிமன்ற அதிகாரங்களையும் தம் பொறுப்பில் வைத்துக்கொண்டு செய்யும் அட்டூழியங்களும் விவரிக்கப்பட்டிருந்தன. (மேலது 105–106)

தான் சேகரித்த உப்பை மொத்த விற்பனையாளர்களுக்குக் கிழக்கிந்திய கம்பெனி விற்றது. அவ்வாறு விற்கும்போது, கலால் வரியும் இதர கட்டணங்களும் விற்பனையாளர்களிடம் வாங்கப் பட்டன. இவற்றின் வாயிலாகக் கம்பெனியின் வருவாய் அதிகரித் தது.

உப்பு உற்பத்தியையும் விற்பனையையும் கண்காணிக்க 'சென்னை உப்பு ஆணையம்' (*Madras Salt Commisson*) ஒன்றும் உருவாக்கப்பட்டது. உப்பு உற்பத்தியாளர்கள் வருவாய்த்துறை ஆணையத்தின் கட்டுப்பாட்டிற்குள் 1808ஆம் ஆண்டில் வந்தார் கள். 1856ஆம் ஆண்டில் உப்பு ஆணையராக (*Salt Commissionar*) நியமிக்கப்பட்ட பிளவ்டவுண் என்பவர் 'கலால்முறை' (*Excise System*) என்பதை உப்பு உற்பத்தியில் அறிமுகப்படுத்தினார்.

இதன்படி உப்பு உற்பத்தியாளர்கள் உப்பு உற்பத்தி செய்ய உரிமம் பெற்றனர். அதற்காக ஆண்டுதோறும் குறிப்பிட்ட தொகையை உரிமக்கட்டணமாக அரசுக்குச் செலுத்த வேண்டும். ஆனால் உற்பத்தி செய்யும் உப்பை வெளிச்சந்தையில் விற்றுக் கொள்ளலாம். மரக்காணம் பகுதி உப்பளங்கள் மட்டும் இப்புதிய

முறைக்குள் கொண்டுவரப்படவில்லை. ஏனெனில் இங்கு உற்பத்தியாகும் உப்பு, புதுச்சேரி பிரெஞ்ச் அரசுக்கு கிழக்கிந்தியக் கம்பெனியால் விற்கப்பட்டது.

ஏகபோகமுறையை அடுத்து ஆங்கிலேயர்களால் அறிமுகம் செய்யப்பட்ட கலால் முறையின் கீழ் அவர்கள் விதித்த கலால் வரி குறித்தும் உப்புத் தொழில்மீது அவர்கள் திணித்திருந்த கட்டுப்பாடுகள் குறித்தும் வே. அப்பாக்குட்டி (1984:XIV–XV) என்பவர் எழுதியுள்ளது வருமாறு:

"அப்போது அதாவது 1930, 1931ஆம் ஆண்டுகளில் இரண்டு மணங்கு கொண்ட ஒரு மூட்டை உப்பின் விலை சாக்கில் லாமல் மூன்று ரூபாய் நான்கணா முதல் மூன்று ரூபாய் ஆறணா வரையில் விற்பனை ஆனது. அந்தக் கால கட்டத்தில் மூன்று ரூபாய் ஆறணா என்பது மிக அதிக விலை ஆகும்.

இந்த மூன்று ரூபாய் நான்கணாவில் கலால் வரி மூன்று ரூபாய் இரண்டாணாவும் செஸ் என்கின்ற ஒருவகை வரி, இரண்டு தம்படியுமாக இருந்தது. இந்த மூன்று ரூபாய் நான்கணா விலையில் மூன்று ரூபாய் இரண்டணா, இரண்டு தம்படி போக, இங்கே உற்பத்தியாளருக்குக் கிடைக்கும் தொகை இரண்டு மணங்கிற்கு 1 அணா 90 பைசா ஆகும். இதில் உற்பத்திச் செலவு முதலியவைகளையும் செய்து உப்புத் தொழில் செய்கின்றவர்கள் ஜீவித்தாக வேண்டும். இந்த நிலைக்குக் காரணம் ஆங்கில அரசு அவர்கள் காலனிகளாகிய ஏடன் முதலிய இடங்களி லிருந்தும் லிவர்பூலிலிருந்தும் கப்பல் கடலில் ஆடாமல் இருப்பதற்காக கப்பலின் அடியில் பாரத்திற்காக ஏற்றி வரும் உப்பை இங்கே விற்பனை செய்வதற்காகத்தான் இந்தக் கடுமையான கலால் வரி விதிப்பு வைத்தார்கள்.

இந்த கலால் வரி விதிப்பு இருந்த காலத்தில், உப்பளத்தைச் சுற்றிக் கெடுபிடிகள் மிக அதிகம். உப்பு உற்பத்தி செய்யப் படும் உப்பளத்தைச் சுற்றிலும் துப்பாக்கி சகிதம் இரவு பகல் நாலாபக்கங்களிலும் 24 மணி நேரமும் பலத்த பாரா உண்டு. உள்ளே சென்று வருவதற்கென்று தனி வாயில்கள் உண்டு. அங்கேயும் துப்பாக்கி சகிதம் சிப்பாய் கள் காவல் இருப்பார்கள்.

அளத்திற்குள் கூலிவேலை செய்யச் செல்லும் கூலி ஆட்கள் மாலை 5 1/2 மணிக்கு மேல் உள்ளே இருக்கக் கூடாது. திரும்பிச் செல்லும்போது தாங்கள் கொண்டு செல்லும் கஞ்சிக் கலயம் போன்ற உடைமைகளையெல்லாம்

கவிழ்த்துக் காண்பித்து வருவதோடு பெண் கூலியாட்கள் தங்கள் புடவைத் தலைப்பையும் உதறிக் காண்பித்து வரவேண்டும்.

உப்பை மூட்டை பிடித்து எடுக்கும் இடங்களிலெல்லாம் பலமான பாராக்களும் அதிகாரிகளின் கெடுபிடிகளும் அதிகம். முக்கியமான பெரிய அதிகாரி குறைந்தபட்சம் அநேகமாக ஆங்கிலோ இந்தியர்களாகத்தான் இருப் பார்கள்".

1926இல் 'மாறுதல் செய்யப்பட்ட கலால் முறை' (Modified Excise System) என்ற ஒன்றை ஆங்கில அரசு உருவாக்கியது. இதன்படி உப்பு உற்பத்தியாளர்கள் தாம் உற்பத்தி செய்யும் உப்பில் ஐம்பது விழுக்காட்டிற்கு மேற்போகாத வகையில் ஒரு குறிப்பிட்ட விழுக்காடு அளவிலான உப்பை அரசுக்கு விற்கவேண்டும்.

உப்புக் குறவர்

கிழக்கிந்தியக் கம்பெனியும் பின்னர் ஆங்கில அரசும் உப்பு உற்பத்தியிலும் விற்பனையிலும் நிகழ்த்தியத் தலையீடு 'குறவர்' என்ற சமூகத்தை அடியோடு பாதித்தது.

கிழக்கிந்தியக் கம்பெனியின் வருகைக்கு முன்னர் போக்கு வரத்து வாய்ப்புகள் குன்றியிருந்த கிராமப் பகுதிகளுக்கு, தலைச்சுமையாகவும் பொதிமாடுகள் மற்றும் மாட்டு வண்டிகள் வாயிலாகவும் இவர்கள் உப்பைக் கொண்டுசென்றனர் அவற்றை உணவு தானியங்களுக்குப் பண்டமாற்று செய்து வாழ்ந்து வந்தனர். இதன் அடிப்படையில் இவர்கள் 'உப்புக்குறவர்' எனப்பட்டனர்.

உப்பு உற்பத்தியில் அரசு ஏகபோகம் உருவான பின்னர் உப்பின் விலை உயர்ந்ததால் உப்பின் பயன்பாடு கிராமப்புறங் களில் குறைந்தது. பத்தொன்பதாம் நூற்றாண்டின் நடுப்பகுதிக் குப் பின்னர் ரயில் போக்குவரத்து பரவலானதும் உப்பு விநியோகம் ரயில்களின் வாயிலாக நிகழத்தொடங்கியது. மற்றொரு பக்கம் ஒரு சில வணிக நிறுவனங்களின் கட்டுப் பாட்டிற்குள் உப்பு விற்பனை சென்றடைந்தது. இந்நிறுவனங்கள் உப்பு விலையை உயர்த்தியிருந்தன. இவையெல்லாம் உப்புக் குறவர்களின் தொழிலைப் பாதித்தன.

பண்டமாற்று வாணிபம் பழக்கத்தில் இருந்த குக்கிராமங்கள், ரயில் போக்குவரத்து அறிமுகமாகாத கிராமங்கள், மாட்டு வண்டிகள் போகும் சாலைகள் இல்லாத கிராமங்கள் ஆகியன மட்டுமே உப்புக்குறவர்களின் வியாபாரக் களங்களாக நிலைத்தன.

1866இல் நிகழ்ந்த பெரும் பஞ்சத்திற்குப் பின்னர், உப்பு வியாபாரத்தில் போக்குவரத்திற்கு உதவிய கால்நடைகளை அவர்களால் பராமரிக்க இயலாத நிலையில் அவை மடிந் தொழிந்தன. காலனியம் அறிமுகப்படுத்திய புதிய உப்பு உற்பத்தி வாணிப முறை தம் பழைய வாணிப வாழ்க்கையை அடியோடு அழித்த நிலையில், ஒரு சில உப்புக்குறவர்கள் தமக்குப் பழக்க மான கிராமப்புறங்களில் சிறு திருட்டுக்களை மேற்கொள்ளத் தொடங்கினர்.

தாது வருடப் பஞ்சத்தின் விளைவால் குற்றங்களின் எண் ணிக்கை அதிகரிக்கத் தொடங்கிய நிலையில் அதைக் கட்டுப் படுத்தும் முறையில் 'குற்றப் பழங்குடிகள் சட்டம்' ஒன்றை ஆங்கில அரசு அறிமுகப்படுத்தியது. இதன் அடிப்படையில் அது உருவாக்கிய குற்றப் பழங்குடிகள் பட்டியலில் உப்புக் குறவர்களும் சேர்க்கப்பட்டனர்.

"குறவர் என்றழைக்கப்படும் திருட்டுக் குணமுடைய நாடோடிக் கும்பல் தானியங்களையும் உப்பையும் மாவட்டம் விட்டு மாவட்டத்திற்கு விற்பனைக்காகக் கொண்டுசெல்லும். இக்கும்பலின் வாயிலாகவே உள்நாட்டுப் பகுதிகளுக்கு உப்பு சென்றடைகிறது. கடற் கரைப்பகுதியில் இருந்து பல நூறு மைல்கள் தள்ளி யிருக்கும் உள்நாட்டுப் பகுதிகளுக்கு வண்டிகளில் இவர்கள் உப்பைக் கொண்டுசெல்வதை எளிதில் காண லாம். இம்முறையிலான உப்பு விநியோகத்தையே உள் நாட்டுப் பகுதி முழுவதும் நம்பியுள்ளது"

என்று உப்புக்குறவர்களின் உப்பு வாணிபம் குறித்து வாலாஸ் என்ற ஆங்கில அதிகாரி குறிப்பிட்டுள்ளார். (ஜெயராஜ். கே. வி. 1984 : 38)

உப்பு விநியோகத்தில் அரசின் ஏகபோகம் ஏற்பட்டால், உப்பு உற்பத்தியாகும் இடத்தில் உப்பின் விலை, குறிப்பிட்டுச் சொல்லும் அளவுக்கு உயரும். இதனால் உள்நாட்டுப் பகுதி களுக்கு உப்பைக் கொண்டுசெல்லும் குறவர்களால் அதை வாங்க முடியாது போகும் என்றும் அவர்கள் வாழ்க்கை பாதிப்படையும் என்றும் அவர் அவதானித்துள்ளார். (மேலது 39 – 40). அவரது அவதானிப்பு சரியானதுதான் என்பதை குறவர்களின் உப்பு வாணிப இழப்பு உறுதி செய்துவிட்டது.

காலனிய ஆட்சியின் விளைவால் உப்பு உற்பத்தியிலும் அதன் விநியோகத்திலும் ஏற்பட்ட மாறுதல்கள் உப்பு வாணிகம் செய்து வாழ்ந்துவந்த ஒரு சமூகத்தைக் குற்றப்பரம்பரைப் பட்டியலுக்குள் தள்ளிவிட்டன.

லம்பாடிகள்

உப்புக் குறவர்களைப் போன்று, 'லம்பாடிகள்', 'உப்பிலியர்' என்போரும் உப்பு வாணிகத்தில் ஈடுபட்டிருந்தனர். கிழக் கிந்தியக் கம்பெனியின் ஆட்சியில் இவர்களும் குறவர்களைப் போன்று உப்பு வாணிகத்தை இழந்ததுடன் குற்றப்பரம்பரைப் பட்டியலுக்குள் தள்ளப்பட்டனர்.

'உப்பார்' என்றும் அழைக்கப்பட்ட உப்பிலியர் உவர் மண்ணிலிருந்து உப்பு தயாரித்து வந்தனர். ஆந்திரத்தின் பெல்லாரி மாவட்டத்தில் உவர்மண்ணிலிருந்து உப்பு தயாரித்த முறை குறித்தும் இத்தொழிலை ஆங்கிலக் கிழக்கிந்தியக் கம்பெனி அழித்தது குறித்தும் அந்த மாவட்டத்தின் விவரச்சுவடி பின் வருமாறு விவரித்துள்ளது.

> "உப்பு மண்ணினைக் குவியலாக மோடுகளில் குவித்து அதன் உச்சியில் குழிவாக ஐந்தடி குறுக்களவும் இரண்டடி ஆழமும் உள்ளதாக வட்டமாக ஓரிரு பாத்திகளை அமைப் பர். இந்த வட்டக் குழிகளில் அடியிலிருந்து சுண்ணாம் பால் கரை கட்டப்பட்ட வாய்க்கால், சுண்ணாம்பால் கரையமைக்கப்பட்ட பாத்திகளை நோக்கிச் செல்லும். கோடைகாலத்தில் வறட்சியான மாதங்களில் உவர்மண் உள்ள பகுதிகளில் இயற்கையாக உப்புப் பூக்கும்போது அதனைப் பொதி எருதுகளில் ஏற்றிக் கொண்டுவந்து மோடுகளில் குவிப்பர். அதனை மண்மேட்டில் உள்ள வட்டக்குழிகளில் பரப்பிப் பின் ஓரளவு நீர்விட்டு நிரப்புவர். உவர் மண்ணில் பூத்த உப்பு, நீரில் கலந்து கீழே கட்டப்பட்டுள்ள குழிகளில் சென்று நிரம்பும். அதனை அக்குழிகளிலிருந்து சட்டியில் மொண்டு சம தரையாக அமைத்துச் சுண்ணாம்பால் மெழுகப்பட்ட பாத்திகளில் ஊற்றி, நீர் வெயிலில் ஆவியாகிப் பிரிந்த பின் உப்பு மட்டும் அடியில் தங்கும்படியாக விட்டு வைப்பர்.
>
> இவ்வாறு உவர் மண்ணிலிருந்து உப்பினைக் கரைத்துப் பிரித்து எடுத்தபின் எஞ்சிய மண், மோட்டில் உள்ள குழிகளிலிருந்து அப்புறப்படுத்தப்படும். இவ்வாறு தொடர்ந்து மண்ணை அகற்றிப் போடுவதால் மோடு களைச் சுற்றியுள்ள பகுதி மிக உயரமாக மேடிட்டுவிடும். எனினும் அதில் அடுத்தடுத்துக் குழிகள் அமைத்தபடி இருப்பர். சில இடங்களில் இந்த மோடுகள் இருபதடி உயரம்கூட இருக்கும். அவற்றின் உச்சிக்கு எருமைகள் உவர்மண் பொதிகளைச் சுமந்து செல்ல முடியாத

அளவுக்கு அவை உயரமாகிவிடும்போது அந்த இடத்தைக் கைவிட்டு வேறிடங்களில் உப்பு மோடு அமைப்பர்.

இவ்வாறு தயாரிக்கப்படும் உவர்மண் உப்பு கடல் உப்பைப் போல நல்லதாகவும் சத்து உடையதாகவும் இருப்பதில்லை. எனினும் ஏழை மக்கள் பெரும்பாலும் இதனையே பயன் படுத்துகின்றனர், கால்நடைகளுக்கு இந்த உப்பினையே தருகின்றனர். 1805ஆம் ஆண்டில் ஏற்படுத்தப்பட்ட உப்புத் தொழில் தொடர்பான சட்டத்தின்படி அரசுக்கு வரியாகக் கிடைக்கும் ஊதியத்தில் இத்தொழிலால் ஓரளவு இழப்பு ஏற்படுகிறது. 1806ஆம் ஆண்டிலேயே மண் உப்பெடுக்கும் இந்தத் தொழிலுக்குத் தடைவிதிக்க அரசு கருதியது. அவ்வாறு தடைவிதித்தால் உப்பு எடுக்கும் தொழிலை மேற்கொண்டுள்ள உப்பாரும் மலிவான இந்த உப்பினைப் பயன்படுத்தும் ஏழை எளியவர்களும் தொல்லைக்கு உள்ளாவார் எனக் கருதி அது பற்றிய முடிவு எதனையும் எடுக்காது 1870வரை அரசு, இதனை எவ்வகையில் தடைசெய்யலாம் எனச் சிந்திப்பதிலேயே காலத்தைக் கடத்தியபடி இருந்தது.

1873இல் வருவாய்த்துறை உறுப்பினரான திரு. ஜி. தார்ன்ஹில், ஒப்படைக்கப்பட்ட மாவட்டங்களுக்கு நேரில் சென்று இத்தொழிலின் நிலையினை ஆராய்ந்தார். மோடுகள் பரந்துபட்டனவாகப் பல இடங்களில் இருப்ப தால் அரசுக்கு வரி செலுத்தித் தயாரிக்கப்படும் கடல் உப்போடு இந்த மண் உப்புப் போட்டியிடுவதைத் தடுக்க இயலாது என அவர் கருத்துத் தெரிவித்தார். அதே காரணம் கருதியும் அத்துடன் உப்பார் மிகுந்த ஏழைகளாக இருப்பதாலும் இத்தொழிலை மேற்கொள்ள உரிமத் தொகை ஒன்றினை விதிப்பதும் நடைமுறைக்கு ஏற்றதன்று எனக் கருத்துத் தெரிவித்த அவர், அதே சமயம் இத்தொழில் நடக்க அனுமதிப்பதால் அரசுக்கு ஆண்டுதோறும் எட்டு முதல் பத்து இலட்சம் ரூபாய்வரை இழப்பு ஏற்படுகின்றது என்றும் கூறியுள்ளார்.

அரசுக்கு வரி செலுத்துவோர் தயாரிக்கும் கடல் உப்புப் பெல்லாரியிலும் பிற உள்நாட்டு மாவட்டங்களிலும் குறைந்த விலைக்குக் கிடைப்பதால் அரசு படிப்படியாக இத்தொழிலை நசுக்க முற்பட வேண்டும் எனவும் அவர் பரிந்துரை செய்துள்ளார். அப்பரிந்துரையினை ஏற்றுக் கொண்ட அரசு புதிதாக மோடுகள் அமைப்பதற்குத் தடைவிதித்ததோடு நடப்பில் இருக்கும் மோடுகளுக்கும் அவற்றின் உற்பத்தியின் விகிதத்திற்கும் ஏற்ப உரிமத்

தொகை விதித்ததோடு 1879வரை அத்தொகையினைப் படிப்படியே உயர்த்தி வந்து 1879இல் கடல் உப்புக்கு விதிக்கப்படும் தீர்வை அளவே இந்த உப்புக்கும் உரிய தாகும் என அறிவித்தது.

இதனால் மண் உப்புத் தயாரிப்பின் அளவு குறைந்தது. எனினும் அரசு எதிர்பார்த்தபடி வரி இழப்பினை இது ஈடுகட்டவில்லை. எனவே 1876இல் சென்னை அரசின் உப்புவரிக்குழுமமும் வருவாய்த்துறையும் ஒருங்கே மண் உப்புத் தயாரிப்பு உடனடியாகத் தடைசெய்யப்பட வேண்டும் எனப் பரிந்துரைத்தன. மத்தியஅரசு தன் ஒப்புதலைத் தரவே 1880இல் மோடுகளுக்கு உரிய இழப்பீட்டினைத் தந்தபின் மோடுகள் அனைத்தும் அழிக்கப்பட வேண்டும் என அரசு ஆணை பிறப்பித்தது.

இதனால் மாவட்டத்தில் மண் உப்புத் தயாரிக்கும் தொழில் அடியோடு ஒழிந்துவிட்டது. அத்தொழில் செழிப்புற்றிருந்த தனை நினைவுறுத்தும் வகையில் இன்றும் ஆங்காங்கே மோடுகள் நிற்பதைக் காணலாம். உப்பார் சிலர் இன்றும் ஒவ்வோர் ஆண்டும் வறட்சியான மாதங்களில் நிசாமின் மாநிலத்திற்குச் சென்று பழைய முறையில் மண் உப்புத் தயாரிக்கின்றனர். இதற்கான உரிமையினைப் பெற இவர்கள் குறிப்பிட்ட ஒரு தொகையினைச் செலுத்துகின்ற னர். அத்தொகையில் நான்கில் ஒரு பங்கினைத் தொழில் தொடங்குமுன் செலுத்திவிட வேண்டும். இறுதியில் இதனால் இவர்கள் ஓரளவு லாபம் ஈட்டுகின்றனர் என்பது உண்மையாயினும் மழை மிகுதியாகப் பெய்யும் ஆண்டுகளில் தொடக்கத்தில் செலுத்திய தொகையினை யும் உழைத்த உழைப்பினையும் இழக்க வேண்டியவர்களா கின்றனர்.

சென்னை மாநிலத்தின் பல பகுதிகளிலும் இச்சாதியார் வெடியுப்பினை ஓரளவு மிகுதியாகவே தயாரிக்கின்றனர். இதற்குக் காரத்தன்மை வாய்க்கப்பெற்ற உவர்மண்ணினை நீரில் ஊறவைத்துப் பிரித்தெடுத்தலைச் செய்கின்றனர். இதற்காக இவர்கள் ஆண்டுதோறும் உப்புத் துறையிட மிருந்து உரிமங்கள் பெறுகின்றனர். இவ்வாறு தயாரிக்கப் படும் நயமற்ற வெடியுப்பு காப்பித் தோட்டங்களுக்கு எருவாகப் பயன்படுத்தவும் பட்டாசு முதலியவை தயாரிக்க வும் பயன்படுகின்றது."

(எட்கர் தர்ஸ்டன் 2005:244-46)

4

இந்திய விடுதலை இயக்கத்தில் உப்பு

எளிதில் கிடைப்பதாகவும் அனைவரும் பயன் படுத்துவதாகவும் விளங்கிய உப்புமீது ஆங்கிலேயர்கள் வரிவிதித்து பெருத்த ஆதாயம் அடைந்து வந்தனர். அதே நேரத்தில் இவ்வரிவிதிப்பு உப்பின் விலையை அதிகரித்து சராசரி இந்தியர்களைப் பாதித்து வந்தது. இவ்வுண்மையை இந்திய தேசியக் காங்கிரசின் தொடக்ககாலத் தலைவர் களும் உறுப்பினர்களும் உணர்ந்திருந்தனர். ஆண்டு தோறும் நிகழும் இந்திய தேசியக் காங்கிரசின் அகில இந்திய மாநாட்டில் அவ்வப்போது உப்புவரி குறித்த விவாதங்கள் இடம்பெற்றன.

ஆங்கிலேயர் விதித்த வரியின் விளைவாக உப்பின் விலை உயர்ந்ததால் உப்பின் பயன்பாடு குறைந்தது. இவ்வுண்மையைக் கோகலே தமது உரையில் சுட்டிக் காட்டியுள்ளார். டி.ஈ.வாசா என்பவர் காங்கிரஸ் மாநாட்டின் தலைமை உரையில், இது தொடர்பான பின்வரும் புள்ளி விவரத்தைக் குறிப்பிட்டுள்ளார்.

1886 – 87இல் ஆள் ஒன்றுக்கு 13.9 க்யூபிக் பவுண்டு* உப்பு பயன்படுத்தப்பட்டு வந்தது. 1899 – 1900இல் 12.7 லூபிக்பவுண்டாக உப்பின் பயன்பாடு குறைந்தது. (பிபின் சந்திரா 1991:35)

உப்பு வரியை நீக்க வேண்டும் அல்லது குறைக்க வேண்டும் என்ற கருத்தை இந்தியாவின் முக்கிய தலைவர்கள் அவ்வப்போது முன்வைத்தனர். உப்பு வரி

---

* ஒரு க்யூபிக் பவுண்டு 454 கிராமிற்கு இணையானது

யானது பிரிட்டிஷாரின் பெயருக்கு ஒரு களங்கம், என்று தாதாபாய் நவ்ரோஜி 1880இல் குறிப்பிட்டார். (மேலது 535 – 36)

இந்திய தேசிய காங்கிரஸ் 1885ஆம் ஆண்டு கூட்டிய முதல் கூட்டத்திலேயே எஸ். எ. சுவாமிநாத அய்யரும் வி. எஸ். பந்துலுவும் உப்பு வரி உயர்த்தப்படுவதை எதிர்த்தனர். அவ்வாறு உயர்த்தப்பட்டால் அதை எதிர்க்கும்படி காங்கிரசை யும் மக்களையும் வலியுறுத்தினர். இவ்வாண்டுகளில் உப்பு வரியைக் குறைக்க சில முக்கிய தேசிய நாளிதழ்களும் கேட்டுக் கொண்டன. அதே நேரம், 1856ஆம் ஆண்டு, வேறுபல நாளிதழ் கள் வருமான வரிக்குப் பதிலாக உப்பு வரியை உயர்த்தலாம் என கூறின.

ஆங்கிலேயர் புதிதாக அறிமுகப்படுத்திய வருமானவரியை நீக்கிவிட்டு, உப்புவரியை நீடிக்கும்படி விட்டுவிடலாம் என்ற கருத்துடையோரும் காங்கிரஸ் அமைப்புக்குள் இருந்தனர். இக்கருத்தை வெளிப்படுத்தும் தேசியப் பத்திரிகைகளும் இருந்தன. உப்பு வரியை நீடிக்கச் செய்து, வருமான வரியை நீக்க வேண்டும் என்ற கருத்தை முன்வைத்ததன் வாயிலாக இவர்கள் தம் வர்க்கச் சார்பை வெளிப்படுத்திக்கொண்டனர். உப்பு வரியை ஆதரிக்கும் இப்போக்கு குறித்து பிபின்சந்திரா (1991:536) பின்வருமாறு அவதானித்துள்ளார்:

இந்தியாவில் ஒரு சிறிய பிரிவினர் உப்பு வரியை ஆதரித் தனர் என்பதையும் நாம் கவனத்தில் கொள்ள வேண்டும். இந்த ஆதரவு வங்காளத்திலிருந்து வந்தது என்பதில் வியப் பில்லை. இங்குதான் ஜமீன்தார்கள், எப்பொழுதும் தங்க ளுடைய நலனைக் காத்துக்கொள்ள, கீழ்த்தட்டு விவசாயி களின் நலனைப் பலி கொடுத்தனர். உப்பு வரியால் ஏற்படும் சுமையை சாமாணிய மக்களின் மேல் ஏற்ற இவர்கள் தயாரா யினர். உப்பு வரிக்கு ஆதரவாக இருந்தவர்களில் ராஜாதி காம்பர் மித்ராவும் சிரிஸ்தோதாஸ்வும் முக்கியமானவர்கள். ஆனால் உப்புவரிக்கு ஆதரவாக ஆனந்த பசார் பத்திரிக்கை குரலெழுப்பியது இதைவிட வியப்பாக இருந்தது. சாலைவரி போன்ற பிற வரிகளுக்குப் பதிலாக உப்பு வரி விதிக்கலாம் என்றும் உப்பு வரி பெரும்பாலும் ஒரு இறக்குமதி வரியாக இருக்கும் என்பதால் இவ்வரி லிவர்பூல், செசயர் போன்ற ஊர்களிலிருந்து இறக்குமதி செய்யப்படும் உப்பின் மீதே விதிக்கப்படும் என்றும் அதன் சுமை அவ்வுப்பை இறக்குமதி செய்யும் வெளிநாட்டினர்மீதே விழும் என்றும் ஆனந்த பசார் பத்திரிகை கூறியது.

1888இல் தன் நிதி நெருக்கடியைத் தவிர்க்கும் வழிமுறையாக, 1888 சனவரி 19இல் வெளியிட்ட அரசாணை ஒன்றின் வாயிலாக மணங்கு ஒன்றிற்கு இரண்டு ரூபாயாக இருந்த கலால் வரியை இரண்டரை ரூபாயாக அரசு உயர்த்தியது. இதனால் எட்டணா அளவில் வரி உயர்ந்தது. இதை இந்தியாவின் முக்கிய தேசிய நாளிதழ்கள் கடுமையாகக் கண்டித்தன. இவ்வரி உயர்வைக் கண்டித்து 1888இல் அலகாபாத்தில் நடந்த மாநாட்டில் தீர்மானம் ஒன்றை இந்திய தேசியக் காங்கிரஸ் நிறைவேற்றியது. இத்தீர்மானத்தை முன்மொழிந்து என். வி. பார்லே என்பவர் உரையாற்றும்போது,

> "இலட்சக்கணக்கான மக்களுக்கு இந்த எட்டணா என்பது எட்டு வேளை உணவுக்குச் சமம். இந்த விலையேற்றத்திற்கு முன்புகூட பலருக்கு, ஒரு நாளுக்கு ஒரு வேளை உணவுகூடக் கிடைக்கவில்லை. சில தேசியவாதிகள் உப்பு வரிக்கும் வருமானத்திற்கும் இடையேயுள்ள விகிதத்தைக் கணக்கெடுத்தனர். எடுத்துக்காட்டாக 1890இல் மாதவருமானம் ரூ.5 பெற்ற ஐந்துபேர் கொண்ட குடும்பம் வருமானவரியாக ரூபாய்க்கு நான்கு பைசா செலுத்திய போது உப்பு வரியாக ரூபாய்க்கு, ஆறு பைசா செலுத்த வேண்டியிருந்தது என பிரிங்கில் கென்னடி கணக்கிட்டார்."

என்று குறிப்பிட்டார் (மேலது:544). உப்புவரி குறித்த தன் எதிர்ப்பை ஒரு தீர்மானத்தின் வாயிலாக இந்திய தேசியக் காங்கிரஸ் வெளிப்படுத்தினாலும் அதற்கு எதிரான போக்கு அவ்வியக்கத்தில் நிலவியதை பிபின் சந்திரா (1991:540) பின்வருமாறு சுட்டிக்காட்டியுள்ளார்.

காங்கிரஸின் நிலைக்குழுவின் விருப்பத்திற்கு எதிராகவே இத்தீர்மானம் கொண்டுவரப்பட்டது. இதனால் காங்கிரஸின் முன்னணித் தலைவர்கள் இத்தீர்மானம் தொடர்பாக எதுவும் பேசவில்லை. இத்தீர்மானத்தை முன்மொழிந்தும் வழிமொழிந்தும் பேசியவர்கள் மகாராஷ்டிர மாநிலத்தின் ரத்தினகிரி மாவட்டத்தைச் சேர்ந்த அவ்வளவு முக்கியத்துவமில்லாத தலைவர்கள்தான்.

இத்தகைய எதிர்ப்புகள் ஒருபுறமிருக்க உப்பு ஏற்றுமதியின் வாயிலாக ஆங்கில அரசின் வருவாய் அதிகரித்துக்கொண்டுதானிருந்தது. சிரினிவாசராகவையங்கார் (1988:116) என்பவர் சென்னை மாநிலத்தின் முன்னேற்றம் குறித்து 1892இல் தாம் தயாரித்த அறிக்கையில் இதைப் பின்வருமாறு பட்டியலிட்டுள்ளார்.

ஒவ்வொரு பத்து ஆண்டு முடிவிலான சராசரி	ரூபாய் இலட்சங்களில்	ஏற்றுமதி & விற்பனை பவுண்டுகள் (இலட்சக்கணக்கில்)
1809 – 10	.13	360
1819 – 20	.33	322
1829 – 30	.36	442
1839 – 40	.38	401
1849 – 50	.44	408
1859 – 60	.53	476
1869 – 70	.99	565
1879 – 80	1.33	526
1889 – 90	1.50	537

இந்தியாவின் மூத்த கம்யூனிஸ்டான சிங்காரவேலர் தமது 'லேபர் கிஸான் கெஜட்' இதழில் (1.5.1923), 'ஹிந்துஸ்தான் தொழிலாளர்களும் விவசாயிகளும் தங்களுக்கான ஓர் அரசியல் கட்சியை அமைத்துக்கொள்வதற்கான அவர்களின் கட்சி திட்ட அறிக்கை' என்ற தலைப்பில் நீண்ட கட்டுரையொன்றை வெளியிட்டுள்ளார். உருவாகப்போகும் புதிய அரசியல் கட்சியின் வேலைத் திட்டங்களில் ஒன்றாக உப்புவரி ஒழிப்பு அதில் குறிப்பிடப்பட்டுள்ளது (வீரமணி. பா. முத்துகுணசேகரன் 2006:109, 119) காங்கிரஸ் இயக்கத்துக்கு வெளியிலும் உப்புவரி ஒழிப்பு குறித்த சிந்தனை 1923ஆம் ஆண்டில் உருவாகி இருந்ததை இதனால் அறியமுடிகிறது.

O

உப்புவரி எதிர்ப்பென்பது கருத்து நிலையிலேயே இருந்தமையால் ஆங்கில அரசு இதைப்பொருட்படுத்தவில்லை. உப்பை மையமாகக்கொண்ட ஓர் அரசியல் இயக்கம் 1930இல் தொடங்கிய போதுதான் ஆங்கில அரசு தன் உப்புக் கொள்கையை மாற்றிக்கொள்ள வேண்டிய கட்டாயத்திற்கு ஆளானது.

1920இல் முதல்முறையாக பரந்துபட்ட இந்தியப் பகுதிகள் அனைத்திலும் ஒத்துழையாமை இயக்கத்தை நடத்திய காந்தி, இரண்டாவது முறையாக சிவில் சட்டமறுப்பு இயக்கம் என்ற

இயக்கத்தை இந்தியா முழுமைக்கும் திட்டமிட்டு உருவாக்கினார். உப்புவரிக்கு எதிரான குரல், அதைப் பயன்படுத்தும் சாமானிய மனிதனைச் சென்றடைவதுடன், அவனையும் உப்பு வரிக்கு எதிரான போராட்டத்தில் இணைக்க வேண்டும் என்ற நோக்கில் சிவில் சட்ட மறுப்பியக்கத்தின் ஒரு பகுதியாக 'உப்பு சத்தியாகிரகம்' என்ற பெயரில் ஒரு போராட்டத்தை அவர் வடிவமைத்தார்.

இதன்படி உரிமம் இன்றி உப்பு தயாரிக்கக்கூடாது என்ற ஆங்கில அரசின் விதிமுறையை மீறும் வழிமுறையாக, தம் தேவைக்கான உப்பை இந்தியர்கள் தயாரித்துக்கொள்ளலாம் அல்லது எடுத்துக்கொள்ளலாம் என்று அறிவித்தார்.

அறிவித்ததுடன் நின்றுவிடாமல் குஜாரத்தில் உள்ள தண்டி என்ற கடற்கரைக் கிராமத்திற்கு, தாம் வாழ்ந்துகொண்டிருந்த சபர்மதி ஆசிரமத்திலிருந்து கால்நடையாகச் சென்று உப்பெடுக்கப் போவதாக அறிவித்தார்.

அதன்படி 1930 மார்ச் 12ஆம் நாள் காலை 6.30 மணிக்கு சபர்மதி ஆசிரமத்தில் இருந்து எழுபத்தொன்பது ஆசிரமவாசிகளுடன், தண்டிப் பயணத்தைத் தொடங்கினார். 384 கி.மீ. தூரத்தை, கால்நடையாகவே கடந்து செல்வது அவரது திட்டமாக இருந்தது. இதனால் வழிநெடுகிலும் திரளான மக்களை அவர் சந்திக்க முடிந்தது.

மார்ச் 12ஆம் நாள் சபர்மதி ஆசிரமத்திலிருந்து புறப்படும்போது தொடங்கி, ஏப்ரல் 6இல் தண்டியில் அவர் உப்பை அள்ளி ஆங்கில அரசின் உப்புச் சட்டத்திற்கு எதிரான தன் எதிர்ப்பைக் காட்டியதுவரை அவர் பொதுக்கூட்டங்களில் பேசி வந்தார். இக்கூட்டங்களில் அவர் ஆற்றிய உரை மக்கள் மனதில் விடுதலை வேட்கையை உருவாக்கியது. சான்றாக 1930 மார்ச் 12ஆம் நாள் அஸ்லலி என்னும் இடத்தில் அவர் ஆற்றிய உரையைக் குறிப்பிடலாம்.

> "உங்களுடைய சொந்தக் கிராமத்தையே எடுத்துக் கொள்ளுங்கள். 1700 நபர்கள் கொண்ட மக்கள் தொகைக்கு 850 மணங்கு உப்பு தேவைப்படும். 200 காளை மாடுகளுக்கு 300 மணங்கு உப்பு தேவைப்படும். அதாவது மொத்தத்தில் 1150 மணங்கு உப்பு தேவைப்படும்.
>
> அரசு ஒரு பக்கா மணங்கு உப்பிற்கு ரூ.1.25 (பழைய ரூ.1 – 4 அணா) வரி விதிக்கிறது 1150 மணங்கு என்பது 575 மணங்கிற்குச் சமம். எனவே மொத்தவரியாக ரூ.720–ஐ நீங்கள் செலுத்துகிறீர்கள்.

ஒரு காளைமாட்டிற்கு 2 மணங்கு உப்பு தரப்பட வேண்டும். மேலும் 800 பசுமாடுகள், எருமைமாடுகள், கன்றுக்குட்டிகள் உங்கள் கிராமத்தில் உள்ளன. அவை களுக்கும் நீங்கள் உப்பு அளித்தால் அல்லது தோல் பதனிடுவோர் தோலைப் பதப்படுத்துவதற்கு உப்பைப் பயன்படுத்தினால் அல்லது உப்பை நீங்கள் உரமாகப் பயன்படுத்தினால் ரூ.720க்கும் அதிகமாக நீங்கள் வரிசெலுத்த வேண்டிவரும்.

இவ்வளவு தொகையை வரியாக ஒவ்வோர் ஆண்டும் உங்கள் கிராமத்தால் செலுத்த முடியுமா? இந்தியாவில் ஒரு தனி நபரின் சராசரி வருமானமே 7 பைசாதான் எனக் கணக்கிடப்பட்டுள்ளது. பிறிதொரு வகையில் கூறுவதென்றால், இலட்சக்கணக்கான மக்களுக்கு ஒரு பைசாகூட வருமானம் இல்லை. ஒன்று அவர்கள் பட்டினி கிடந்து சாகின்றனர். அல்லது பிச்சை எடுத்து வாழ்கின்றனர். இவர்கள்கூட உப்பில்லாமல் வாழ முடியாது. இவர்களுக்கெல்லாம் உப்பே கிடைக்காவிட்டால் அல்லது மிக அதிக விலையில் உப்பு கிடைத்தால் அவர்களின் துயரம் எப்படி இருக்கும்?

1930 ஏப்ரல் 5ஆம் நாள் தண்டியை அடைந்த காந்தி பத்திரிகையாளர்களைச் சந்தித்தார். தன் போராட்டம் குறித்து விளக்கினார். அங்கு ஏற்பாடு செய்யப்பட்டிருந்த பொதுக் கூட்டத்தில் பேசினார்.

ஏப்ரல் ஆறாம்நாள் உப்புச் சட்டத்தை மீறி, தண்டி கடற்கரையில் உப்பெடுத்தார். உப்புச் சட்டத்திற்கு எதிரான அடையாளப் பூர்வமான செயலாகவே இது அமைந்தது. உப்புச் சட்டத்தின் வாயிலாக ஆங்கிலேயர் பெற்று வந்த வருவாயை இது உடனடியாகப் பாதிக்கவில்லை. என்றாலும் நீண்டகால மாக ஆங்கில அரசு கட்டிக்காத்து வந்த உப்புச் சட்டத்தை மக்கள் எதிர்க்கத் துணிந்துவிட்டதன் அடையாளமாக இச் செயல் அமைந்தது.

தண்டி யாத்திரையின் குறிப்பிடத்தக்க சிறப்பாக பெண் களின் பங்களிப்பிருந்தது. காந்தியின் மனைவி கஸ்தூரிபா காந்தியும் கவிதாயினி சரோஜினி தேவியும் தண்டி உப்பு அறப்போரில் கலந்துகொண்டனர். உப்புச் சட்ட விதிகளை மீறுவதில் பெண்கள் முக்கிய பங்காற்றினார்கள். வீடுகளில் உப்பு காய்ச்சுவதற்காக தண்ணீர் பருகும் லோட்டாக்களில், சௌபாத்தி கடற்கரையிலிருந்து கடல்நீரை எடுத்துச் சென்றனர். சட்ட விரோதமாக தயாரித்த உப்பை விற்பதிலும் ஈடுபட்டனர் (Madhu Kishwar 2009:241).

ஆ. சிவசுப்பிரமணியன்

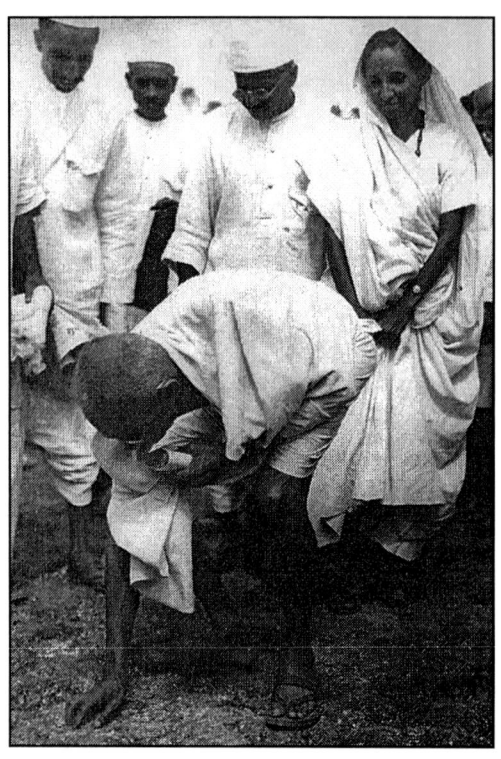

படம்: 1 தண்டியில் காந்தியடிகள் உப்பு எடுத்தல்

தன் சட்டங்களுக்குக் கீழ்ப்படிந்து இனி இந்தியர்கள் இருக்க மாட்டார்கள், அதை மீறுவார்கள் என்ற எண்ணத்தை ஆங்கில அரசு உணரும்படிச் செய்வதில் இப்போராட்டம் வெற்றிபெற்றது. அத்துடன் உலகநாடுகளின் கவனத்தை ஈர்த்தது. வன்முறையின்றி அமைதியான முறையில் உப்புச் சட்டத்தை மீறும் காங்கிரஸ் தொண்டர்கள்மீது எத்தகைய கொடூரமான வன்முறையை ஆங்கில அரசு ஏவுகிறது என்பதை உலகின் பலபகுதிகளிலுமிருந்து வந்திருந்த பத்திரிக்கையாளர்கள் நேரில் காணும்படிச் செய்வதில் வெற்றி பெற்றது.

மதுரகவி பாஸ்கரதாஸ் என்ற நாடகக் கலைஞர் அழுத்தமான தேசியவாதி. தம் இசைப்பாடல்கள் வாயிலாக தேசிய உணர்வைப் பரப்பியவர். இவர் எழுதி இசையமைத்துப் பாடிய பாடல்கள் நாடக அரங்குகளின் வாயிலாக மட்டுமின்றி தெருமுனைப் பாடகர்கள் வாயிலாகவும் மக்களைச் சென்றடைந்தன. காந்தியின் தண்டிப் பயணத்தின்போது,

உப்பு வரிச்சட்ட மது ஒழியவன்றோ காந்தி மகான்
இப்பொழுது தொண்டர்படையுட னெழுந்து சென்றனர்
காற்று மழை வெயில் கடலும் காசினிக்குப் பொதுவெனவே
கண்டு கடல்நீர்க்குவரி தண்டுவதை நிறுத்திடவே

என்ற பாடலை அவர் எழுதிப்பாடி மக்களிடையே பரப்பினார். (முருகபூபதி 2000)

வேதாரண்யம் போராட்டம்

தண்டியில் காந்தியின் தலைமையில் உப்பு அறப்போர் நடந்து முடிந்த பின்னர் இந்தியாவின் பல பகுதிகளிலும் உப்பு அறப்போர் நிகழ்ந்தது. அவ்வகையில் தமிழ்நாட்டில் இன்றைய நாகைமாவட்டத்தில் உள்ள வேதாரண்யம் என்ற கடற்கரை ஊரில் உப்பு அறப்போர் நிகழ்ந்தது.

திருமறைக்காடு என்ற பெயரைக் கொண்டிருந்த இவ்வூர், தமிழ்ப் பெயர்களையெல்லாம் வடமொழிப் பெயர்களாக மாற்றியமைத்த போக்கு உருவானபோது வேதாரண்யம் என்று வடமொழியில் அழைக்கப்பட்டது. பின்னர் அதுவே நிலைத்து நின்றுவிட்டது.

இவ்வூரிலிருந்து ஏறத்தாழ நான்கு கிலோ மீட்டர் தொலைவிலுள்ள அகஸ்தியம்பள்ளி என்ற ஊரில் உப்பளங்கள் மிகுதி. இவ்வூரில் 1930 ஏப்ரல் திங்களில் உப்பு அறப்போர் நிகழ்ந்து முடிந்தது. இதன் அடிப்படையில் இன்று வரை ‘வேதாரண்யம் உப்பு சத்தியாகிரகம்’ என்ற சொல், தண்டி உப்பு சத்தியாகிரகம் என்பதுபோல் பலரும் அறிந்த சொல்லாகத் தமிழ்நாட்டில் வழங்கிவருகிறது.

போராட்டத்தின் தொடக்கம்

தமிழ்நாட்டில் உப்பு அறப்போர் நிகழ்த்தும் இடமாக வேதாரண்யம் தேர்ந்தெடுக்கப்பட்டதும் தண்டியாத்திரையைப் போன்று ஓர் அரசியல் பயணம் மேற்கொள்ளத் திட்டமிடப்பட்டது.

1930 ஏப்ரல் 3ஆம் நாள், திருச்சி நகர் மக்டோனால்டு தெருவிலுள்ள தி. சோ. சௌ. ராஜன் வீட்டிலிருந்து 98 பேர் கொண்ட தொண்டர்படை வேதாரண்யம் நோக்கி காலை ஐந்து மணிக்குப் புறப்பட்டது.

திருச்சி நகரின் முக்கிய தெருக்கள் வழியாக ஊர்வலமாகச் சென்றபோது, மக்கள் மகிழ்ச்சியுடன் இவர்களை வரவேற்றனர். சந்தனம், பூ, வாழைப்பழம், பாயசம் ஆகியன தந்து உபசரித்ததுடன் பணமுடிப்பும் வழங்கினர்.

படம்: 2 உப்பு அறப்போர்த் தொண்டர்கள் புறப்பட்ட இடத்திலுள்ள
நினைவுச் சின்னம் – திருச்சி

பின்னர் திருஅரங்கம், கல்லணை, கோவிலடி, திருக் காட்டுப்பள்ளி, சாத்தனூர், திருவையாறு, திருக்கண்டியூர், தஞ்சாவூர், அய்யம்பேட்டை, வழுத்தூர், பாபநாசம், நல்லூர், கும்பகோணம், வலங்கைமான், செம்மங்குடி, ஆலங்குடி, நார்த்தங்குடி, நீடாமங்கலம், பூவனூர், இராஜப்பையன் சாவடி, மன்னார்குடி, தட்டாங்கோயில் ஆதிச்சபுரம், விளக்குடி, திருத்துறைப்பூண்டி, மேலமருதூர், தகட்டூர், ஆயக்காரன்புலம் ஆகிய ஊர்களைக் கடந்து ஏப்ரல் முப்பதாம் நாள், மாலை ஆறு மணியளவில் வேதாரண்யம் சென்றடைந்தது.

வழிநடை அனுபவங்கள்

பதினெட்டு நாட்கள் நடந்த இந்நடைப் பயணத்தில் பல நிகழ்வுகள் நிகழ்ந்தன. கதர்விற்பனை, அரிஜன முன்னேற்றம், மது விலக்கு என அன்றையக் காங்கிரஸ் இயக்கம் முன்வைத் திருந்த வேலைத் திட்டங்களுடன் தொடர்புடைய செயல்களை வழியெங்கும் நிகழ்த்தினர். ஆங்காங்கு சில ஊர்களில் புதிதாகத் தொண்டர்கள் அறப்போரில் கலந்துகொள்ள இணைந்தனர். உப்பு அறப்போரை விளக்கிச் சொற்பொழிவுகளும் நிகழ்ந்தன.

உப்பிட்டவரை ...

உப்பு அள்ளல்

1930 ஏப்ரல் 30ஆம் நாள் அதிகாலை மூன்றுமணி அளவில் ராஜாஜியும் அவருடன் வந்த தொண்டர்கள் சிலரும் எழுந்து காலைக் கடன்களை முடித்தனர். நான்கு மணியளவில் அகஸ்தியம் பள்ளியைச் சேர்ந்த உப்பளத்திற்குச் சென்று இருட்டிலேயே உப்பையள்ளி வைத்துக்கொண்டனர். பொழுது விடிந்த பின்னர் அப்பகுதிக்கு வந்த காவல்துறையினர் ராஜாஜியை மட்டும் கைது செய்தனர். ஏனைய தொண்டர்கள் எடுத்த உப்புடன் தாம் தங்கியிருந்த ஆசிரமத்தை அடைந்தனர். இவ்வாறு தமிழ்நாட்டில் உப்புவரிக்கு எதிரான போராட்டம் தொடங்கியது.

கைது செய்யப்பட்ட ராஜாஜியை உப்பு அலுவலகத்திற்குச் சொந்தமான அறை ஒன்றில் அடைத்து வைத்தனர். நண்பகல் ஒரு மணியளவில் அகஸ்தியம்பள்ளி, துணை குற்றவியல் நீதிபதி முன், அவர் அழைத்துச் செல்லப்பட்டார். அங்கு அவருக்கு ஆறுமாத வெறுங்காவல் தண்டனை விதிக்கப்பட்டது. பின் அகஸ்தியம்பள்ளி கிளைச் சிறைச்சாலைக்கு அனுப்பப்பட்டார்.

அங்கிருந்து மாலை நான்கு மணியளவில் இரயில் வாயிலாக திருச்சி மத்திய சிறைக்கு அழைத்துச் செல்லப்பட்டார்.*

படம்: 3 உப்புத்துறை அலுவலகம் – அகஸ்தியம்பள்ளி

---

* தகவல் திரு.கே.பி. அம்பிகாபதி வேதாரண்யம்

ஆ. சிவசுப்பிரமணியன்

படம்: 4 ராஜாஜி சிறைவைக்கப்பட்ட அறை – அகஸ்தியம்பள்ளி

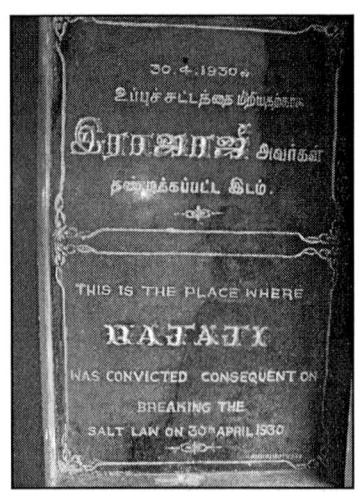 

படம்: 5 ராஜாஜி சிறைவைக்கப்பட்ட அறைப்பகுதியிலுள்ள
கல்வெட்டு – அகஸ்தியம்பள்ளி

தமிழ்நாட்டின் பல்வேறு பகுதிகளில் இருந்து வந்த தொண்டர்கள் வேதாரண்யம் ஆசிரமத்தில் தங்கி, உப்பள்ளும் செயலை மேற்கொண்டு கைதாவது இதன் பின்னரும் தொடர்ந்தது. இறுதியாக 1930 மே 29இல் வேதாரண்யத்தில் ஆசிரமம் அமைத்துத் தங்கியிருந்த அனைவரையும் கைது செய்ததுடன் ஆசிரமத்தையும் காவல்துறை சூறையாடியது. இத்துடன் வேதாரண்யம் உப்பு அறப்போர் முடிவுற்றது.

தமிழ்நாட்டின் ஒரு சிறிய கடற்கரை ஊரில் நிகழ்ந்தாலும் தமிழகத்தின் அனைத்துப் பகுதி மக்களையும் ஈர்ப்பதாக வேதாரண்யம் அறப்போர் அமைந்தது.

படம்: 6 உப்பு அறப்போர் நிகழ்ந்த பகுதியிலுள்ள நினைவுத்தூண் – அகஸ்தியம்பள்ளி

நன்றி: திரு.கே.பி. அம்பிகாபதி, வேதாரண்யம்

சில நிகழ்வுகள்

சமூகத்தின் பல்வேறு படிநிலைகளில் உள்ளவர்களையும் ஈர்ப்பதாகவும் அனைத்து மக்கள் பகுதியினரையும் ஒன்று திரட்டுவதாகவும் இப்போராட்டம் அமைந்தது. வேதாரண்ய உப்பு அறப்போர் நிகழ்ந்தபோது, இன்றைய தஞ்சை – திருவாரூர் நாகை மாவட்டங்கள் தஞ்சை மாவட்டம் என்ற பெயரில்

ஒரே மாவட்டமாக இருந்தன. போராட்டம் நிகழ்ந்தபோது தஞ்சை மாவட்டத்தின் ஆட்சித்தலைவராக தாரன் என்ற வெள்ளையன் இருந்தான். தன் அதிகார எல்லைக்குள் இப் போராட்டம் வெற்றிகரமாக நடந்துவிடக் கூடாது என்பதில் மிகுந்த ஆர்வம் காட்டினான்.

வேதாரண்யம் நோக்கிப் பயணம் செய்த தொண்டர் படைக்கு வழிநெடுகிலும் மக்கள் திரண்டு நின்று உற்சாகமாக வரவேற்பளித்தனர். தொண்டர் படையினர் பயணம் செய்த ஏப்ரல் திங்கள் நல்ல வெயிற்காலம். எனவே உணவைவிட நீர்வேட்கையைத் தணிக்கும் தண்ணீரின் தேவை மிகவும் இன்றி யமையாத ஒன்றாக இருந்தது.

தஞ்சை மாவட்ட ஆட்சித் தலைவரான தாரன், தொண்டர் படையினரை வரவேற்பதும் உணவு மற்றும் தண்ணீர் வழங்கு வதும் குற்றமாகக் கருதப்படும் என்று எச்சரித்திருந்தான். கிராமங்களைக் கண்காணிக்க காவலர்படையும் நிறுத்தப் பட்டிருந்தது. இந்த எச்சரிக்கை நடைமுறைப்படுத்தவும்பட்டது.

தாரனின் இச்செயல் குறித்து 'தாரன் துரை தர்பார்' என்று தலைப்பிட்டு,

"காங்கிரஸ் சத்தியாக்கிரகிகளுக்கு இடமோ உணவோ கொடுப்போர் யாவரும் அபராதமும் சிறைத்தண்டனை யும் பெறக்கூடிய குற்றம் செய்தவர் ஆவர் என ஜில்லா வெங்கும் பறைசாற்றினார்."

"காங்கிரஸ்காரர்கள் யாவரும் சட்டத்துக்கு விலக்கான வர் என்றும் அவருக்கு உணவோ உறைவிடமோ கொடுப் போர் எவரும் குற்றஞ்செய்ய உடந்தையாக இருந்ததாகக் கருதப்பட்டு தண்டிக்கப்படுவரென்றும் தஞ்சை ஜில்லா எங்கிலும் ஜனங்களிடையே துண்டுப் பிரசுரங்களை வினியோகிக்கச் செய்தார். அதைக் குறித்து அதிகாரிகள், கிராமங்கள் எங்கிலும் தண்டோராவும் போடச் செய் தனர்."

என்று ராஜாஜி (அப்பாக்குட்டி : 5) எழுதியுள்ளார்.

திருத்துறைப்பூண்டியில் இருந்த தென்பாதிநாயுடு என்பவர் தன் சத்திரத்தில் தொண்டர்களுக்கு உணவு வழங்கியமைக் காகக் கைது செய்யப்பட்டார். ஆனால் மக்கள் இதை மீறி உணவும் தண்ணீரும் வழங்கினர். சில ஊர்களில் எச்சரிக்கைக் குப் பயந்து வெளிப்படையாக உணவு வழங்கத் தயங்கினர். ஆனால் தங்களுடைய ஊரைக் கடந்து செல்லும் தொண்டர் படைக்கு உணவு வழங்கும் செயலைக் கைவிடவும் விரும்ப

வில்லை. தம் விருந்தோம்பலை சற்று வேறுபாடான முறையில் வெளிப்படுத்தினர்.

வழியில் உள்ள மரங்களில் உணவை துணிப்பொட்டல மாகக் கட்டிவைத்தனர். தொண்டர் படையுடன் இணைந்து கொண்டு வரும் ஒருவர் பொட்டலங்கள் கட்டப்பட்ட மரத்தைச் சுட்டிக்காட்ட, தொண்டர்கள் அவற்றை எடுத்துக் கொண்டனர். சில இடங்களில் புதர்களில் உணவும் தண்ணீரும் ஒளித்து வைக்கப்பட்டன.

சில கிராமங்களில் அந்த ஊருக்குள் நுழைந்தவுடன் அது செல்லும் பாதையில் ஊருக்கு வெளியே சாலையில் உள்ள அரசுக்கு உரிமையான மரம் ஒன்றின் எண்ணைக் கூறிவிடுவார்கள். அந்த எண் எழுதப்பட்ட மரத்தில் உணவுடன் கூடிய துணிப்பொட்டலம் கட்டப்பட்டிருக்கும். தொண்டர்கள் அதை எடுத்துக்கொள்வார்கள்.

○

உப்பு அறப்போரில் அனைத்துப்பிரிவு மக்களின் ஆதரவு வலுவாக இருந்தது. இதற்குச் சான்றாக இரு நிகழ்வுகளைக் குறிப்பிடலாம். உப்பு அறப்போருக்கு எதிராகச் செயல்படு பவர்களுக்கு முக மழிப்பு, முடிவெட்டுதல் ஆகிய செயல்களைச் செய்வதில்லையென்று அப்பகுதி நாவிதர்கள் முடிவெடுத் திருந்தனர்.

இந்நிலையில் உப்பெடுக்கும் போராட்டத்தை ஒடுக்கு வதற்காக ஏராளமான காவலர்கள் வேதாரண்யத்தில் குவிக்கப் பட்டிருந்தனர். இவர்களில் பலர் சீருடையணியாது பொது மக்களுடன் கலந்து நடமாடி வந்தனர்.

இவர்களில் ஒருவர், வைரப்பன் என்ற நாவிதரிடம் முகம் மழிக்க வந்தார். அந்நாவிதருக்கு அப்போது வயது பதினாறு தான். வந்தவர் காவலர் என்பதையறியாது வைரப்பன் முகம் மழித்துக்கொண்டிருந்தபோது, ஒருவர் அங்குவந்து அவர் காவலர் என்பதைத் தெரியப்படுத்தினார்.

உடனே முக மழிப்பை பாதிலேயே நிறுத்திவிட்டு வைரப்பன் எழுந்து சென்றுவிட்டார். காவலர் எவ்வளவு அச்சுறுத்தியும் அவர் கேட்கவில்லை. இறுதியில் இந்நிகழ்வு மாவட்ட ஆட்சித் தலைவரான தாரனின் பார்வைக்குக் கொண்டு செல்லப் பட்டது. வைரப்பனைத் தன்முன் அழைத்து வரச் செய்தார்.

முக மழிப்பைச் செய்து முடிக்கும்படி நயமாகவும் பய முறுத்தியும் தாரன் கூறினார். அப்போது நீதிவழங்கும் பொறுப் பும் மாவட்ட ஆட்சித் தலைவரிடமிருந்தது. எனவே சிறைத்

தண்டனை வழங்கி விடுவதாகவும் எச்சரித்தார். தான் எடுத்த முடிவில் வைரப்பன் உறுதியாக இருந்தார். எச்சரித்தபடியே வைரப்பனுக்கு ஆறுமாத சிறைத்தண்டனையை தாரன் வழங்கினான். வைரப்பனின் தியாகத்தைப் போற்றும் வகையில் வேதாரண்யம் ஊரில் நினைவுத்தூண் ஒன்று எழுப்பப்பட்டுள்ளது.

படம்: 7 தியாகி வைரப்பன் நினைவுத்தூண் – வேதாரண்யம்

படம்: 8 தியாகி வைரப்பன்

நன்றி: திரு.கே.பி. அம்பிகாபதி, வேதாரண்யம்

வரலாற்றுப் பாடநூல்கள் ராஜாஜியையும் சர்தார் வேத ரத்தினத்தையும் முன்நிறுத்தி, வைரப்பனைப் புறக்கணித்தாலும் மக்கள் வைரப்பனை மறக்கவில்லை. அவரை மையமாகக்கொண்டு நாட்டார் பாடல்களை உருவாக்கிப் பாடி மகிழ்ந்துள்ளனர். காலவெள்ளத்தில் அவை மறைய, சின்னப்பன் (2005:174–176) என்ற ஆய்வாளர், எஞ்சிய பின்வரும் பாடல் வரிகளைச் சேகரித்துள்ளார்.

ஆதிக்கத்தார் போலிசுக்கே
பாதிமுகம் மழித்தார்
மீதிமுகம் கலெக்டருக்கே
பங்காக அளித்தார்

மருத்துவ குலத்தில் பிறந்த
மாமகனே – பெரும்
மாண்புடன் வாழ்ந்த
சேவகனே

திருக்குவளை அருணாசலதேசிகர் என்பவர் கோவில் பூசை, மங்கல, அமங்கலச் சடங்குகளை நடத்தி வைத்தல் ஆகிய தொழில்களைச் செய்து, வாழ்ந்து வந்தார். உப்பு அறப்போர் தொண்டர்கள் தங்கியிருந்த ஆசிரமப் பகுதியில் இவர் சுற்றித் திரிந்துகொண்டிருந்தார். உள்ளூர் மக்கள் அறப்போர் தொண்டர்களுடன் உறவுகொள்வதைத் தடுக்கும் வழிமுறையாக, காவலர்கள் கண்காணித்துக்கொண்டிருந்தனர்.

வேடிக்கை பார்க்க வந்தவர் என்று கருதி அவரை அங்கிருந்து போகும்படி காவலர்கள் எச்சரித்தனர். ஆனால் அவர் அதைப் பொருட்படுத்தவில்லை. அவரைப் பிடித்து தாரன் முன்நிறுத்தினர். அவருக்கும் சிறைத் தண்டனை வழங்கப்பட்டது. அவருக்கு என்ன வேலை தெரியுமென்று சிறைக் கண்காணிப்பாளர் கேட்டபோது 'உங்களுக்கு, கருமாதி செய்யத் தெரியும்' என்று அவர் பதிலளித்தார்.

போராட்டத்தின் விளைவு

ஆங்கில அரசின் உப்புக் கொள்கை இந்திய மக்களை எவ்வாறு பாதித்தது என்பது குறித்த சிந்தனை 19ஆம் நூற்றாண்டின் இறுதிப்பகுதியில் உருவாகிவிட்டது என்றாலும் அச் சிந்தனையை ஒரு மக்கள் இயக்கமாக காந்தி மாற்றியமைத்த பின்னரே ஆங்கில அரசு ஓரளவுக்காவது தன்நிலைபாட்டை மாற்றிக்கொண்டது.

காந்தியின் உப்பு அறப்போரில் இந்திய மக்களின் பங்களிப்பும் தொண்டர்கள் காட்டிய உறுதியும் உலக நாடுகளின் ஊடகங்கள்

அளித்த முக்கியத்துவமும் உப்புச் சட்டத்தில் சில மாறுதல்களைச் செய்யும்படி ஆங்கில அரசைத் தூண்டின. சிறு சலுகைகளை யாவது உப்பு தொடர்பாக வழங்காவிட்டால், இவ்வியக்கம் பேரியக்கமாக மாறும் என்பதையுணர்ந்தது.

இதன் அடிப்படையில் 1931 சனவரி 21ஆம் நாள் காந்தியை யும் காங்கிரஸ் செயற்குழுவையும் விடுவிக்கும் ஆணையை இந்தியாவின் வைஸ்ராயாக இருந்த இர்வின் பிறப்பித்தார். இதன் தொடர்ச்சியாக 1931 பிப்ரவரி 17ஆம் நாள் காந்திக்கும் இர்வினுக்குமிடையே பேச்சுவார்த்தை தொடங்கியது. பேச்சு வார்த்தையின்போது, காந்தி முன்வைத்த ஆறு கோரிக்கைகளில் ஒன்றாக உப்பு உற்பத்தி செய்யும் உரிமை கேட்டல் அமைந்தது. மார்ச் 3இல் உப்பு வரியில் சில சலுகைகளைக் காந்தி பெற்றார். மார்ச் 5இல் இர்வினும் காந்தியும் ஒப்பந்தம் ஒன்றில் கையெழுத் திட்டனர். இதைக் கொண்டாடும் வகையில் வைசிராய் இர்வின் தேநீர் கோப்பையுடனும் உப்புக் கலந்த எலுமிச்சைச் சாறடங்கிய கோப்பையுடன் காந்தியும் ஒருவர் நலனுக்கு ஒருவர் வாழ்த் துரைத்து தத்தம் கோப்பையில் உள்ளதைப் பருகினர்.

இதன் தொடர்ச்சியாக இந்திய அரசு, தன் உள்துறையின் வாயிலாக 1931 மார்ச் 5ஆம் நாள் அறிவிப்பு ஒன்றை வெளி யிட்டது. அதன் முக்கிய பகுதிகள் வருமாறு:

1. மேன்மைமிகு வைஸ்ராய்க்கும் திரு. காந்திக்கும் இடையே நடைபெற்ற பேச்சுவார்த்தையைத் தொடர்ந்து போராட்டம் கைவிடப்படும் என்றும் மாண்புமிகு மன்னரது அரசின் ஒப்புதலுடன் இந்திய அரசும் உள் ளாட்சி அரசுகளும் சில நடவடிக்கைகள் எடுக்கும் என்றும் முடிவு செய்யப்பட்டது.

2. உப்பு நிர்வாகம் தொடர்பாக இருக்கும் சட்டங்கள் மீறப்படுவதை அரசு பொறுத்துக்கொள்ளாது. நாட்டின் இன்றைய நிதிநிலைமை காரணமாக இப்போதைய உப்புச் சட்டங்களில் குறிப்பிடத்தக்க எவ்வித மாற்றமும் செய்ய இயலாது.

அதேநேரம் ஏழை மக்களுக்கு நிவாரணம் வழங்குவதற் காக அரசு தன்னுடைய சட்டங்களில் சில மாற்றங்களைச் செய்ய ஆயத்தமாக உள்ளது. உப்பு உற்பத்தி செய்யக்கூடிய இடங்களிலோ சேகரிக்கக்கூடிய இடங்களிலோ அல்லது அவற்றுக்கு அருகாமையிலோ பயன்பாட்டிற்கோ உள்ளூரி லேயே விற்பதற்கோ உப்பைத் தயாரிக்கலாம் அல்லது சேகரித்துக் கொள்ளலாம். ஆனால் அவ்வாறு கிடைக்கும் உப்பை வெளி யூரில் வாழ்பவருக்கு விற்கக்கூடாது அல்லது அத்தகைய உப்பு வாணிபத்தில் ஈடுபடக்கூடாது.

இந்த உடன்பாட்டை முழுமையாக நடைமுறைபடுத்த காங்கிரஸ் தவறும்போது, பொது மக்களையும் தனி நபர்களையும் பாதுகாக்கவும் சட்டம் ஒழுங்கை நிலைநாட்டவும் அரசு தேவையான நடவடிக்கைகள் எடுக்கும்.

மேற்கண்ட அறிக்கைக்குப் பின்னர் உப்பு உற்பத்தித் தொடர்பான தன்னுடைய நிர்வாகத்தின் முடிவுகளை 22 மே, 1931 அன்று இந்திய அரசின் நிதித்துறை (மத்திய வருவாய்) பின்வரும் செய்தியறிக்கையாக வெளியிட்டது:

இர்வின் பிரபுவுக்கும் காந்திக்கும் இடையே ஒப்பந்தம் ஏற்பட்டதைத் தொடர்ந்து உப்பு உற்பத்தி செய்யக்கூடிய அல்லது சேகரிக்கக்கூடிய கிராமங்களிலோ அவற்றுக்கு அருகாமையிலோ வாழக்கூடிய மக்கள் உப்பை உற்பத்தி செய்வதற்கோ அல்லது தயாரித்துக்கொள்வதற்கோ அனுமதி வழங்கும் உட்பிரிவு 20ஐ அமுல்படுத்துவதற்கான ஏற்பாடுகளை அரசு செய்துகொண்டிருக்கிறது. இதற்கான விவரங்களும் தரவுகளும் முழுமையடைந்துவிட்ட நிலையில் அது பொதுவாகக் கீழ்க்கண்டவாறு நடைமுறைப்படுத்தப்படும்:

உட்பிரிவு 20இன் நோக்கம் ஏழை மக்கள் பயன்பெறுவது. இது உப்பு உற்பத்தி செய்யக்கூடிய அல்லது சேகரிக்கக் கூடிய கிராமங்களிலும் அவற்றுக்கு அடுத்துள்ள கிராமங்களிலும் மட்டும் நடைமுறையில் இருக்கும். அனைத்துத் தரவுகளும் சேகரிக்கப்பட்டுவிட்டதால் உட்பிரிவு 20 கீழ்க்கண்டவாறு நடைமுறைப்படுத்தப்படும்:

(i) உட்பிரிவு 20 ஏழை மக்களின் நலனுக்காக உருவாக்கப்பட்டது. உப்பு உற்பத்தி செய்யக்கூடிய இடங்களை அடுத்துள்ள கிராம மக்கள் தங்களுடைய வீட்டுப் பயன்பாட்டிற்கும் தங்கள் ஊரிலேயே விற்பதற்கும் உப்பை உற்பத்தி செய்வதற்கும் சேகரிப்பதற்கும் அனுமதிக்கப்படுவர்.

(ii) இதற்காக இக்கிராம மக்கள் உப்பளங்களைத் தயார் செய்துகொள்ளலாம்.

(iii) இக்கிராமங்களுக்கு வெளியே இவ்வுப்பை விற்கக் கூடாது. எனவே உப்பைத் தலைச்சுமையாக மட்டுமே கொண்டுசெல்ல வேண்டும்; வண்டிகளிலோ வேறு வகையிலோ கொண்டுசெல்லக் கூடாது.

(iv) மேற்கூறிய உட்பிரிவில் உப்பு உற்பத்தி அனுமதிக்கப் பட்ட இடங்களில், மக்கள் அமைக்கும் உப்பளங்களைச் சேதப்படுத்தக் கூடாது; அவற்றில் அரசாங்க

அதிகாரிகள் தலையிடவும் கூடாது; இங்குள்ள காவலாட்களும் திரும்ப அழைத்துக்கொள்ளப்படு வார்கள்.

(v) இச்சலுகையைத் தவறாகப் பயன்படுத்தும் கிராமங் களுக்கு இச்சலுகை மறுக்கப்படும். தங்களுடைய தேவைக்கோ அல்லது கிராமத்தின் தேவைக்கோ அதிகமாக உப்பு உற்பத்தி செய்யப்பட்டால், அது சலுகையை தவறாகப் பயன்படுத்தப்படுவதாகக் கருதப்படும்.

காந்தி – இர்வின் ஒப்பந்தத்தில், உரிமம் இல்லா உப்பு உற்பத்திக்கு வழங்கப்பட்ட இச்சலுகை 1948வரை தொடர்ந் தது. இந்தியா விடுதலை பெறும் முன் அமைக்கப்பட்ட இடைக் கால அரசாங்கம் 1.4.1947இலிருந்து உப்பு மீதான செஸ்வரியை நீக்கியது. என்றாலும் பல்வேறு சூழ்நிலைகளின் விளைவாக, இந்தியாவின் பல பகுதிகளில் உப்புக்குத் தட்டுப்பாடு ஏற்பட்டது.

இதைத் தவிர்க்கும் வழிமுறைகளை ஆராய எச்.எம். பட்டேல் என்ற ஐ.சி.எஸ் அதிகாரியின் தலைமையில் குழு ஒன்றை இடைக்கால அரசு உருவாக்கியது. இக்குழு வழங்கிய பரிந்துரை களில் ஒன்று, உப்பு உற்பத்தியை அதிகரிப்பதாகும். இதை நிறைவேற்றும் வழிமுறையாக காந்தி – இர்வின் ஒப்பந்தத்தை அரசு தளர்த்தியது. இது தொடர்பாக 23.4.1948இல் இந்திய அரசு வெளியிட்ட பத்திரிகைக் குறிப்பு வருமாறு:

உப்பு உற்பத்தியில் இந்தியா எவ்வளவு விரைவில் தன்னிறைவு பெற முடியுமோ அவ்வளவு விரைவில் தன்னிறைவு பெற இந்திய அரசு முயற்சி செய்கிறது. இதற்காக இந்திய அரசு அறிமுகப்படுத்த இருக்கும் உரிமம் முறை, கூட்டுறவுச் சங்கங்கள் மூலம் உப்பு உற்பத்தி ஆகியன பற்றி விவரங்கள் விரைவில் வெளியிடப்படும்.

இதற்கிடையே சிறு உற்பத்தியாளர்கள் பயன்பெறுவதற் கான திட்டங்களின் முதல் கட்ட விவரங்கள் வெளியிடப் படும்.

இனிமேல் தனிநபர்களும் குழுக்களும் எந்தத் தடையும் இன்றி, எந்த முறையையும பயன்படுத்தி, எந்த இடத் திலும் உப்பு உற்பத்தி செய்துகொள்ளலாம்.

இதற்காக உப்பளங்கள் அமைத்துக்கொள்ளலாம், சூரிய வெப்பத்தைக் கொண்டு உப்பு தயாரிக்க அளங்கள் அமைத்துக்கொள்ளலாம், பாறைகளையோ நிலத் தையோ சுரண்டி உப்பு எடுத்துக்கொள்ளலாம் அல்லது உப்பு நீரைக் காய்ச்சி உப்பு தயாரிக்கலாம்.

ஆனால் இதற்கான இடத்தின் பரப்பளவு பத்து ஏக்கருக்கு அதிகமில்லாமல் இருக்க வேண்டும். இதற்கான உரிமம் பெற அரசிடம் எந்த அனுமதியும் கேட்க வேண்டியதில்லை. மேலே சொல்லப்பட்ட சிறு உற்பத்தியாளர்களை மத்திய சங்க மற்றும் உப்பு சட்டம் 1944 கட்டுப்படுத்தாது.

இந்த சலுகை 1931இல் ஏற்படுத்தப்பட்ட காந்தி – இர்வின் ஒப்பந்தத்தின் அடிப்படையில் ஏழை மக்கள் பயன்பெற வேண்டும் என்ற எண்ணத்தில் வழங்கப்படுகிறது என்ற நல்லெண்ணத்தை மக்கள் உணர்வார்கள். காந்தி – இர்வின் ஒப்பந்தம் ஏற்பட்டபோது தடையின்றி உப்பு உற்பத்தி செய்யும் அனுமதி உப்பு உற்பத்தி செய்யக்கூடிய கிராமங்களுக்கு மட்டுமே வழங்கப்பட்டது. இந்த அனுமதிக்கும் பல கட்டுப்பாடுகள் இருந்தன. இங்கே உற்பத்தி செய்யப்பட்ட உப்பை வெளியே விற்க அனுமதி இல்லை, உற்பத்தி செய்யப்பட்ட உப்பை தலைச்சுமையாகத்தான் கொண்டு செல்ல வேண்டும். ஆனால் இப்போது பத்து ஏக்கருக்கு உட்பட்ட பரப்பளவுகொண்ட உற்பத்தி செய்யப்படும் உப்பிற்கு எவ்விதக் கட்டுப்பாடும் கிடையாது.

ஆனால் மக்களின் அன்றாடத் தேவைகளில் முக்கியமான ஒன்றாக உப்பு இருப்பதாலும் மக்களின் உடல் நலனுடன் தொடர்புடைய ஒன்றாக இருப்பதாலும் உரிமம் இல்லாமல், உற்பத்தி செய்யப்படும் உப்பின் தரத்தைக் கண்காணிக்க வேண்டும்.

பெரிய அளவில் உற்பத்தி செய்யப்படும் உப்பு, தரமானதாக இருக்குமென்பதால் சிறிய உற்பத்தியாளர்களும் அத்தகைய தரத்தில் உப்பு உற்பத்தி செய்ய வேண்டும் என்ற கட்டாயம் ஏற்படும். இருந்தாலும் தேவையேற்பட்டால் தரமற்ற உப்பு உற்பத்தி செய்யப்படுவதைத் தடுக்க தேவையான நடவடிக்கைகளை எடுக்க அரசுக்கு அதிகாரம் உண்டு.

உப்பு உற்பத்தியின் மீதிருந்த கட்டுப்பாடுகள் இவ்வாறு தளர்த்தப்பட்டதும் இந்தியாவின் கடற்கரைப் பகுதிகளில் உரிமம் இல்லா உப்பு உற்பத்தி அதிகரித்தது. 1949இல் உரிமம் இல்லாது உற்பத்தியான உப்பின் அளவு மூன்று லட்சம் மணங்குகளாக இருந்தது. 1950இல் 13 இலட்சம் மணங்குகளாகவும் 1981இல் 40 இலட்சம் மணங்குகளாகவும் உயர்ந்தது. இதனால் உப்பு உற்பத்தியில் தன்னிறைவு ஏற்பட்டதுடன் ஏற்றுமதி செய்யவும் முடிந்தது.

ஆ. சிவசுப்பிரமணியன்

இந்திய விடுதலைக்குப் பின்

1954 மார்ச் இரண்டாம் நாள் வெளியிட்ட பத்திரிகைக் குறிப்பின் வாயிலாக முன்னர் (23.4.1948) வெளியிட்ட பத்திரிகைக் குறிப்பில் சில மாறுதல்களைச் செய்வதாக மத்திய அரசு அறிவித்தது. அரசு செய்த முக்கிய மாறுதல்களில் ஒன்று,

> எவ்வித அனுமதியும் இல்லாமல் உப்பு உற்பத்தி செய்யும் நிலத்தின் பரப்பளவு 21/2 ஏக்கருக்கு மேல் இருக்கக் கூடாது

என்பதாகும். இம்மாறுதலுக்கு சிறு அளவிலான உப்பு உற்பத்தி யாளர்களிடமிருந்து எதிர்ப்பு வரவே 1955 மே 15இல் சில சலுகைகளை அவர்களுக்கு வழங்கியது. அதன்படி,

1. தனியாகவோ கூட்டுச் சேர்ந்தோ பத்து ஏக்கருக்கு மேல் போகாத நிலப்பரப்பில் உப்பு உற்பத்தி செய்து கொள்ளலாம்.
2. பத்து ஏக்கருக்கு மேற்பட்ட பரப்பில் உப்பு உற்பத்தி யில் லெவி, செஸ் ஆகிய வரிவிதிப்பு உண்டு.

5

தமிழர் பண்பாட்டில் உப்பு

மனிதகுலம் தன் உணவுப் பழக்கத்தில் இணைத்துக் கொண்ட ஒரு முக்கிய பொருளான உப்பு உணவுடன் மட்டுமின்றி, பல நம்பிக்கைகளுடனும் சடங்குகளுடனும் தொடர்புடையதாக மாறிவிட்டது. இதற்குத் தமிழ்ச்சமூக மும் விலக்கல்ல. தமிழரின் சமூக வாழ்விலும் சமய வாழ்விலும் உப்பின் பயன்பாடு குறிப்பிடத்தக்க அளவில் உள்ளது. இப்பயன்பாட்டைப் பின்வருமாறு வகைப் படுத்தலாம்.

1. சுவையூட்டும் பொருள்
2. பொருட்களை அழிவினின்றும் பாதுகாக்கும் பொருள்
3. திருமணமும் உப்பும்
4. புதுமனை புகுதலும் உப்பும்
5. மந்திரப் பொருளாக உப்பு
6. காணிக்கைப் பொருளாக உப்பு
7. நன்றியுணர்வும் உப்பும்
8. மருந்துப் பொருளாக உப்பு
9. விளையாட்டில் உப்பு
10. உப்பும் செல்வமும்
11. விலக்கப்பட்ட பொருளாக உப்பு

இவ்வகைப்பாட்டின் அடிப்படையில் உப்பின் பயன்பாடு களையும் உப்பை மையமாகக்கொண்டு உருவான நம்பிக்கைகளையும் இனிக் காண்போம்.

சுவையூட்டும் பொருள்:

உணவுக்குச் சுவையூட்டும் பொருளாக உப்பு விளங்கு வதைப் பல்வேறு பழமொழிகள் குறிப்பிடுகின்றன. 'உப்பில்லாப் பண்டம் குப்பையிலே' என்ற பழமொழி, மிகப் பரவலாக அறிமுகமான பழமொழியாகும். ஒருவருடைய பேச்சு சாரமற் றிருந்தால் 'உப்புச் சப்பில்லாத பேச்சு' என்று குறிப்பிடும் வழக்கமும் உண்டு. உப்பில்லாத பொழுதுதான் அதன் பெருமை தெரியுமென்பதனை, 'அப்பன் அருமை அப்பன் செத்தால் தெரியும் உப்பின் அருமை உப்பில்லாதே போனால் தெரியும்' என்ற பழமொழி விளக்குகின்றது.

பொருட்களை அழிவினின்றும் பாதுகாத்தல்

இவ்வாறு உணவிற்குச் சுவையூட்டும் பொருளாக மட்டு மின்றிப் பல்வேறு பொருட்களை அழிவினின்று பாதுகாக்கும் பொருளாகவும் உப்பு பயன்படுத்தப்படுகின்றது. அடக்கம் நிகழும்வரை இறந்தவர் உடல் கெடாமலிருக்கப் பிணத்தின் வயிற்றில் உப்பை வைத்துக் கட்டும் வழக்கம் உள்ளது. உப்பு, மிளகு, நல்லெண்ணெய் ஆகியனவற்றைக் கலந்து உயிர் பிரிந்த சில நிமிடங்களுக்குள் பிணத்தின் வாயில் ஊற்றி வயிற்றுக்குள் செலுத்துவது மற்றொரு பாதுகாப்பு முறையாகும்.

கருவாடு, ஊறுகாய் போன்றவை கெடாமலிருக்க உப்பு அவற்றுடன் சேர்க்கப்படுகிறது. தென்மாவட்டக் கிராமப்புறங் களில் உடலுழைப்பை நம்பி வாழும் சாதியினரில் மிகப் பெரும்பாலோர் மாலை நேரத்தில்தான் சோறு பொங்குவது வழக்கம். இச்சோறு அன்றிரவு மட்டுமின்றி மறுநாள் காலை யிலும் நண்பகலிலும் உணவாகப் பயன்படும். இச்சோற்றினை வேலை செய்யும் இடத்திற்கு எடுத்துச் செல்வர். அங்குக் குழம்பு மற்றும் தொடுகறிகள் எதுவுமின்றி ஊறுகாய் – வெங்காயம் – மிளகாய் ஆகியவற்றுள் ஒன்றின் துணையுடன் தான் உண்பர். இத்தகைய நிலையில் சோறு கெட்டுப்போகாமல் இருப்பதற்காகவும் சுவையுடன் இருப்பதற்காகவும் அதில் உப்பிட்டுப் பொங்குவது வழக்கம்.[1]

ஆனால் கோவிலுக்குப் பொங்கலிடும்போது அதில் உப்பிடுவதில்லை.

விலங்குகளின் தோல் கெடாமலிருக்க உரித்த தோலின் உட்பகுதியில் உப்பைத் தூவித் தேய்க்கும் பழக்கம் இன்றும் கிராமங்களில் காணப்படுகிறது.

தானியத் தட்டைகளையும் வைக்கோலையும் கால்நடைகளுக்காகச் சேமித்து, வைக்கோல் போர் அமைக்கும்போது உப்பையும் சாம்பலையும் கலந்து போர் வைக்குமிடத்தில் தூவி அதன் மேல் போர் அமைப்பர். கரையான் வராது தடுக்கவே இவ்வாறு செய்கின்றனர்.

உப்பையும் மஞ்சளையும் ஒன்றாக அரைத்து அதில் மாட்டிறைச்சியைப் புரட்டி எடுத்து வெயிலில் காயவைத்து உப்புக்கண்டமாகச் சேமித்து வைக்கும் பழக்கம் அருந்ததியர் இனத்தவரிடம் இருக்கிறது.

திருமணமும் உப்பும்

தமிழ்நாட்டில் பல்வேறு சாதியினரிடமும் திருமணச் சடங்குகளில் உப்பு முக்கியத்துவம் பெற்றுள்ளது. படுகர் திருமணத்திற்கு இரண்டு அல்லது மூன்று நாட்களுக்கு முன் மாப்பிள்ளை வீட்டுப் பணத்தில் உப்பு வாங்கி வந்து உணவுப் பொருளில் அதனையிட்டு இருவீட்டாரும் சாப்பிடுவர். மாப்பிள்ளை வீட்டில் நடைபெறும் இச்சடங்கை ‘அரிசிபிடித்தல்’ என்பர். உப்பு வாங்கி வருவதே இங்கு அரிசி என்றழைக்கப்படுகிறது. (கிருஷ்ணமூர்த்தி 1991:215).

கவுண்டர் இனத்தின் சீர்முறைகளாக 57 சீர்முறைகள் இடம்பெறுகின்றன. இவற்றுள் திருமணத்திற்காக உப்பு, ஜவுளி வாங்குதல் ஒரு சீர்முறையாகும். (நடராஜன் 1991: 32–36)

அருந்ததியர் திருமணத்தில் மாப்பிள்ளை வீட்டிலிருந்து அரிசிப்பெட்டியில் 4 படி உப்பிட்டுப் பெண் வீட்டிற்கு எடுத்துச் செல்வர். பெண்வீட்டில் அதற்குப் பதிலாக அரிசி கொடுப்பர்.

சிவகாசிப் பகுதி நாடார்கள், திருமணம் உறுதிசெய்யும் போது மணமகனின் தாய்மாமனாரும் மணமகளின் தாய் மாமனாரும் நார்ப்பெட்டியில் உப்பை வைத்து மாற்றிக்கொள்வர்.

பணகுடிப் பகுதியில் வாழும் நாடார் சாதியினரில் திருமணம் உறுதிசெய்யும்போது இருவீட்டாரும் ஒருவருக்கொருவர் மாற்றிக்கொள்ளும் பொருட்களில் உப்பும் இடம் பெறுகிறது. திருமணம் முடிந்து மணமகள் கணவன் வீடு செல்லும்போது உப்பும் மஞ்சளும் முடிந்தனுப்புவது மேற்கூறிய பகுதியினரிடம் வழக்கத்தில் உள்ளது.

திருமணமான பெண் கணவன் வீட்டிற்குள் சென்றதும் அவளது முதற்பணி உப்புப்பானை அல்லது உப்புச்சாடியினுள் கைவிட்டு உப்பைத் தொடுவதாகும்.

புதுமனை புகுதலும் உப்பும்

புதிதாகக் கட்டிய வீட்டிற்குக் குடிபோகும்போது முதலில் எடுத்துச் செல்லும் பொருட்களாக உப்பு, நிறைகுடம், விளக்கு, மஞ்சள் ஆகியன இடம்பெறுகின்றன. வாடகை வீட்டிற்குக் குடிபோகும்போதுகூட இப்பொருட்களே இடம்பெறுகின்றன.

இவற்றுள் நிறைகுடம், தண்ணீர், மஞ்சள் ஆகியனவற்றில் ஒன்று இல்லாமலும் இருக்கலாம். ஆனால் அவசியம் எடுத்துச் செல்லும் பொருளாக உப்பு இருக்கிறது.

மந்திரப் பொருளாக உப்பு

மந்திர ஆற்றல் உடையதாக உப்பு கருதப்படுவதால் கண்ணேறு போக்குவதற்குப் பயன்படும் பொருட்களில் உப்பும் இடம்பெறுகிறது. சிறுதுணி ஒன்றில் உப்பைப் பொட்டலமாகக் கட்டி அப்பொட்டலத்தால் கண்ணேறுக்கு ஆளானவரின் மேல் தடவி மூன்று முறை பொட்டலத்தின்மீது துப்பச் சொல் வார்கள். பின்னர் அதனை நெருப்பில் வீசுவர். நெருப்பில் விழுந்த உப்பு படபடவென்று வெடிக்கும். இதனைக் கண்ணேறு வெடித்துச் சிதறி அழிவதாகக் கருதுகின்றனர்.

வயிற்றில் செரிமானம் ஒழுங்காக நிகழாவிட்டால் அதனைக் கொதிபட்டிருக்கும் என்று மக்களுள் சிலர் நம்புகின் றனர். இதனைப் போக்கக் கொதிக்குத் தடவுபவரிடம் செல்வர். அவர் திருநீற்றை வைத்து மந்திரம் சொல்லி வயிற்றில் தடவுவார். இதனைக் 'கொதிக்கோதுதல்' என்பர். சிலர் உப்பு, புளி, மிளகாய்வற்றல் ஆகியன வைத்தும் கொதிக்குத் தடவுவர்.

காணிக்கைப் பொருளாக உப்பு

நேர்த்திக் கடனாகவும் காணிக்கைப் பொருளாகவும் தெய்வங்களுக்கு வழங்கும் பொருட்களில் ஒன்றாகவும் உப்பு அமைகிறது. உடம்பில் தோன்றும் சிரங்கு, பாலுண்ணி போன்ற வற்றைப் போக்கச் சில குறிப்பிட்ட கோவில்களில் உப்பு வாங்கிப் போடுவதாக நேர்ந்துகொள்ளும் பழக்கம் நெல்லை, தூத்துக்குடி மாவட்ட இந்துக்களிடம் உள்ளது. இவ்வகையில் திருச்செந்தூரிலுள்ள முருகன் கோவில், சங்கரன்கோவிலிலுள்ள சங்கரநயினார் கோவில், குறுக்குத்துறை முருகன் கோவில் ஆகிய கோவில்களில் உப்பு வாங்கிக் காணிக்கையாகப் போடும் வழக்கம் உள்ளது.

இவை தவிர குமரி மாவட்டத்திலுள்ள நாகராஜா கோவிலி லும் காமராசர் மாவட்டத்திலுள்ள இருக்கன்குடிக் கோவிலி லும் உப்பும் மிளகும் கலந்து காணிக்கையாகப் போடும் வழக்கம் உள்ளது.

சங்கரன்கோவிலிலுள்ள நாகசுனை என்ற நீர்நிலையில் உப்பைப் போடும் வழக்கம் உள்ளது. நேர்த்திக் கடன் எதுவுமில்லாதவர்கூடக் கோவிலில் விற்கும் உப்பை வாங்கி நீர்நிலையில் போடுகின்றனர்.

இவ்வாறு உப்பைக் காணிக்கைப் பொருளாகப் பயன்படுத்தும் வழக்கம் தென்மாவட்டத்தில் வாழும் கத்தோலிக்கர்களிடமும் காணப்படுகிறது. தூத்துக்குடி மாவட்டத்திலுள்ள காமநாயக்கன்பட்டி என்ற சிற்றூரில் பரலோக மாதா தேவாலயம் உள்ளது. ஆண்டுதோறும் ஆகஸ்டு 15இல் பரலோக மாதாவின் விண்ணேற்பு நாளின் நினைவாகத் திருவிழாவும் தேரோட்டமும் நிகழும்.

திருவிழாவன்று பரலோக மாதாவின் அலங்கரிக்கப்பட்ட உருவம் தேவாலயத்தின் ஒரு பகுதியில் வைக்கப்பட்டிருக்கும். உருவத்தினருகில் ஒரு பனையோலைப் பெட்டி நிறைய உப்பும் மிளகும் கலந்து வைத்திருப்பர். வணங்க வரும் பக்தர்கள் உப்பையும் மிளகையும் அதிலிருந்து பிரசாதம்போல் எடுத்துச் செல்வார்கள். சிலர் காணிக்கையாக மிளகு கலந்த உப்பைக் கொண்டுவந்து வைப்பர்.

தேரோட்டம் நிகழும்பொழுது ஒரு கைப்பிடியளவு, மிளகு கலந்த உப்பைத் தேரின் முன்பக்கம் நின்று வீசி எறிவர். இதற்கென்றே உப்பும் மிளகும் கலந்து பெட்டிகளில் வைத்து விற்கப்படுகிறது. இவ்வாறு விற்கப்படும் ஒரு கைப்பிடி அளவு உப்பின் விலை 1990ஆம் ஆண்டில் 25 காசுகளாகும்.

பரலோக மாதா ஆலயத்திலிருந்து எடுத்துச்செல்லும் உப்பைத் துணியில் பொட்டலமாகக் கட்டிக் கம்பு ஒன்றில் கட்டி விளைநிலத்தில் நட்டுவைத்தால் விளைச்சல் அதிகரிக்கும் என்ற நம்பிக்கை காமநாயக்கன் பட்டியிலும் அதனைச் சுற்றி உள்ள பகுதியிலும் நிலவுகிறது. உப்புப் பொட்டலம் காற்றில் இயல்பாகக் கரையும்வரை அப்புறப்படுத்துவது கிடையாது. சிலர் இவ்வாறு எடுத்துவந்த உப்பைப் பயிர் வளர்ந்துள்ள வயலில் தூவுவதும் உண்டு.

சிரங்கு, பாலுண்ணி போன்றவை உடம்பில் தோன்றினாலும் டைபாய்டு போன்ற நாட்பட்ட காய்ச்சல் ஏற்பட்டாலும் அவற்றிலிருந்து குணமடையக் குறிப்பிட்ட தேவாலயங்களுக்கு உப்பைக் காணிக்கையாகச் செலுத்துவதாக வேண்டிக்கொள்ளும் வழக்கம் தென்மாவட்டக் கத்தோலிக்கர்களிடம் பரவலாக உள்ளது. நோயிலிருந்து குணமடைய மட்டுமின்றிக் குடும்பப் பொருளாதாரச் சிக்கல் தீரவும் நேர்த்திக் கடனாக உப்பைச் செலுத்தும் பழக்கம் உள்ளது.

இவ்வாறு வேண்டிக்கொண்டவர்கள் உப்பை வாங்கி வந்து தேவாலய பலிபீடத்தின் முன் வைப்பது வழக்கம். சில தேவாலயங்களில் குறிப்பிட்ட புனிதர்களின் பீடங்களின் முன்னர் உப்பை வைக்கும் பழக்கம் உண்டு. இவ்வகையில் அந்தோணியர் என்ற புனிதர் முன்பு உப்பை வைக்கும் வழக்கம் குறிப்பிடத்தக்க அளவு உள்ளது. காலரா, அம்மை போன்ற தொற்றுவியாதிகள் பரவும்போது செபஸ்தியார் என்ற புனித ரின் உருவச்சிலையை ஊர்வலமாகச் சப்பரத்தில் எடுத்து வருவது வழக்கம். அப்போது உப்பையும் மிளகையும் கலந்து சப்பரத்தின் முன் தூவிச் செல்வர். இவ்வாறு நேர்த்திக் கடனாகத் தேவாலயங்களில் படைக்கப்படும் உப்பில் சிறிதளவு மிளகு கலக்கப்படுகிறது. சிலர் பொரிகடலையைக் கலத்தலும் உண்டு. இவ்வாறு நேர்த்திக் கடனாகப் படைக்கப்படும் உப்பினை 'நேர்ச்சை உப்பு' என்பர்.

நேர்ச்சை உப்பை வீட்டிற்கு எடுத்துச்சென்று பத்திரமாக வைக்கும் பழக்கமும் உள்ளது. குடும்பத்தில் யாருக்கேனும் உடல்நலக் குறைவு ஏற்பட்டால் நேர்ச்சை உப்பைச் சிறிது கரைத்துக் கொடுக்கும் வழக்கம் உண்டு. சிலர் ஒன்றிரண்டு நேர்ச்சை உப்புக் கற்களை நேரடியாக வாயில் போட்டுக் கொள்வதும் உண்டு. மனிதர்களுக்கு மட்டுமின்றி விலங்கு களின் நோய்களுக்கும் நேர்ச்சை உப்பு பயன்படுத்தப்படுகிறது. சிலர் 'அர்ச்சிஷ்ட பண்டம்' (புனிதப்பண்டம்) என்றும் நேர்ச்சை உப்பைக் குறிப்பிடுகின்றனர்.

> "...இன்று கத்தோலிக்கத் தேவாலயங்களில் பயன் படுத்தும் புளியாத அப்பம் 9ஆம் நூற்றாண்டுக்குப் பின்னரே புழக்கத்திற்கு வந்தது. அதற்கு முன் இல்லங் களில் அன்றாடம் பயன்படுத்தும் புளித்த அப்பத்தையும் இரசத்தையும் காணிக்கைப் பொருளாக கொண்டுவந்து இதற்கென குறிக்கப்பட்ட தனியிடத்தில் வைத்தனர்..."

> "...இதன் வளர்ச்சி நிலையாக நவதானியங்களையும் காய்கறிகளையும் காணிக்கையாகக் கொண்டுவரும் பழக்கம் தோன்றியது. பண்டமாற்றுமுறை ஒழிந்து பணப் புழக்கம் நுழைந்ததன் காரணமாகவும் வரிகள் மற்றும் சொத்துக்கள் வாயிலாகவும் தேவாலயத்திற்கு வருவாய் வரத் தொடங்கியதின் காரணமாகவும் பொருட்களுக்கு மாற்றாக பணத்தைக் காணிக்கை தரும் பழக்கம் 11ஆம் நூற்றாண்டிலிருந்து தொடங்கியது...". (ஞானதூதன் 1970:12–13).

கத்தோலிக்க இறையியல் வல்லுனர் ஒருவர் கூறும் இக்கூற்றின் அடிப்படையில் நோக்கும்போது தமிழ்நாட்டின் சைவ–வைணவ ஆலயங்களைப் போன்றே அய்ரோப்பிய கத்தோலிக்கத் தேவாலயங்களிலும் பல்வேறு பொருட்களைக் காணிக்கையாகச் செலுத்தும் பழக்கம் தொடக்கத்தில் இருந்துள்ளது என்பது தெரியவருகிறது. இன்ன பொருள் என்ற பாகுபாடின்றி காணிக்கை செலுத்தி வந்த மரபினடிப்படையிலும் தமிழகத்தில் உப்பும் மிளகும் காணிக்கைப் பொருளாக இருந்து வந்ததின் அடிப்படையிலும் தொடக்கக் கால கத்தோலிக்கர்கள் உப்பையும் மிளகையும் தேவாலயத்தில் காணிக்கையாகத் தரும் பழக்கத்தை மேற்கொண்டனர்.

உப்பைப் போன்றே மிளகும் மருந்துப் பொருளாகவும் உணவுக்குச் சுவையூட்டும் பொருளாகவும் வழக்கிலுள்ளது.[2] அத்துடன் மந்திர ஆற்றலுடையப் பொருளாகவும் மிளகைக் கருதியுள்ளனர். குழந்தைப் பேற்றுக்காக, தான் மேற்கொண்ட விரதங்களைத் தாயொருத்தி கூறும் முறையில் அமைந்த தாலாட்டொன்றில்

அள்ளி மிளகு தின்னு
அய்நூறு நாள் தவசிருந்து
. . .
எண்ணி மிளகு தின்னு
இந்திரனே வேனுமின்னு
. . .
அள்ளி மிளகு தின்னு
அர்ச்சுனனே வேனும்மின்னு

என்ற வரிகள் இடம் பெற்றுள்ளதைச் (அன்னகாமு 1960: 59) சான்றாகக் கூறலாம். சாமியார் ஒருவர் தந்த மிளகைத் தின்று குழந்தைப் பேறுபெற்ற செய்தி தமிழக நாட்டார் கதைகள் சிலவற்றில் இடம்பெற்றுள்ளது. (இராமநாதன் 1988: 97, 102, 105, 107, 113, 116, 118).

மேலும் 16ஆம் நூற்றாண்டில் போர்த்துக்கீசியர் வாயிலாகவே தமிழகத்தில் கத்தோலிக்கம் பரவியது. பதுருவா முறை என்ற பெயரால் போர்த்துக்கீசிய மன்னரின் கட்டுப்பாட்டிற்குள்ளேயே தொடக்க கால கத்தோலிக்கக் குருக்கள் செயல்பட்டனர். தமிழ்நாடு கத்தோலிக்க ஆலயங்களில் காணிக்கையாகச் செலுத்தப்பட்ட உப்பையும் மிளகையும் தனித்தனியாகப் பிரித்து தங்களுடைய நாட்டிற்குப் போர்த்துக்கீசியர்கள் எடுத்துச் சென்றனர். இதன் காரணமாகவும் போர்த்துக்கீசிய குருக்கள் உப்பும் மிளகும் காணிக்கையாகச் செலுத்துவதினை வரவேற்றனர்.[3]

இந்துக் கோவில்களில் உப்பை நேர்த்திக் கடனாகப் போடுவதுடன் அந்நேர்த்திக்கடன் முடிவுறுகிறது. கத்தோலிக்கர்கள் அதனை நேர்ச்சை உப்பு 'அர்ச்சிஷ்டப் பண்டம்' என்ற பெயர்களில் ஒரு புனிதப் பொருளாகப் பயன்படுத்துகிறார்கள். சைவ வைணவக் கோவில்களில் திருநீறு, குங்குமம், துளசி, சந்தனம், சுண்டல், பொங்கல் போன்றவை பிரசாதங்களாக விநியோகிக்கப்பட்டு வீட்டிற்கு எடுத்துவரப்படுகின்றன. ஆனால் கத்தோலிக்க ஆலயங்களில் வீட்டிற்கு எடுத்துவரும் பிரசாதப் பொருள்கள் எவையும் கிடையாது. நற்கருணையின்போது வழங்கப்படும் திருஅப்பமும் திருரசமும் கோவிலிலேயே உண்ணவும் பருகவும் வேண்டிய பொருள்களாகும். இந்நிலையில் உப்பு ஒரு வகையான பிரசாதப் பொருளாக கத்தோலிக்கர்களுக்கு அமைந்துவிடுகிறது.

நேர்ச்சை உப்பின் பயன்பாடு

நெல்லை, தூத்துக்குடி மாவட்டங்களில் கடற்கரை ஊர்களில் உள்ள பரதவர் பதினாறாம் நூற்றாண்டிலிருந்து கத்தோலிக்கர்களாக வாழ்ந்து வருகின்றனர். மீன்பிடித் தொழிலை மேற்கொண்டுள்ள இவர்கள் நல்ல மீன்பாடு கிடைப்பதற்கு, நேர்ச்சை உப்பைப் பயன்படுத்துகிறார்கள்.

கட்டுமரங்களிலும் வள்ளங்களிலும் பிடிபட்ட மீன்களைப் போட பிரம்பினால் முடையப்பட்ட பெட்டி ஒன்று வைத்திருப்பார்கள். 'உமல்' என அழைக்கப்படும் இப்பெட்டியில் நேர்ச்சை உப்பைச் சிறிது தூவினால் பெட்டி நிறைய மீன்கள் கிடைக்கும், வலையில் கட்டி வைத்தால் அதிக அளவில் மீன்கள் வலையில் விழும் என்ற நம்பிக்கை உள்ளது. குமரி மாவட்டத்தின் கடற்கரைப் பகுதிகளான குளச்சல், மண்டைக்காடு போன்ற பகுதிகளில் வாழும் பரதவ மக்கள் நேர்ச்சை உப்பைத் தாளில் மடித்து மீன்வலைகளில் கட்டி வைத்துவிடுவர். மறுநாள் அத்தாளுடன் வலையைக் கடலில் வீசினால் மீன்பாடு அதிகம் கிடைக்குமென நம்புகின்றனர்.

வீடு கட்டும்போது அதன் அஸ்திவாரத்தில் நேர்ச்சை உப்பு தூவும் வழக்கமும் இப்பகுதிகளில் உள்ளது. வீட்டினுள் கெட்ட ஆவிகள் நுழைவதைத் தடுக்கவும் வீடு செழிப்பாக இருக்கவும் இவ்வாறு நேர்ச்சை உப்பை இடுவதாகத் தகவலாளிகள் தெரிவித்தனர்.

தூத்துக்குடி மாவட்டத்திலுள்ள பழைய காயல் என்ற கடற்கரைச் சிற்றூரில் வாழும் பரதவர்கள் சோறு பொங்கும் போது நேர்ச்சை உப்பைப் போடுகின்றனர். வீட்டிலுள்ள அரிசி, மிளகாய் வற்றல் மற்றும் பருப்பு வகைகளிலும் சிறிதளவு

நேர்ச்சை உப்பைத் தூவுகின்றனர். வேளாண்மைத் தொழில் செய்யும் இவ்வூர்ப் பரதவர்கள் நெல் நாற்றுப் பாவும் முன்னர் விதை நெல்லில் நேர்ச்சை உப்பைத் தூவுகின்றனர்.

இவ்வாறு பிரசாதப் பொருளாக உப்பு அமைந்தமைக்குக் காரணம், பலியில் இடம்பெறும் பொருளாகவும் தூய்மைப் படுத்தும் பொருளாகவும் சாரமாக்கும் பொருளாகவும் விவிலி யத்தில் உப்பு குறிப்பிடப்பட்டிருப்பதே ஆகும். சான்றாக பழைய ஏற்பாட்டில் வரும் பின்வரும் பகுதிகளைக் குறிப்பிட லாம்.

"நீ படைக்கிற எந்த போஜனபலியும் உப்பினால் சாரமாக்கப்படுவதாக; உன் தேவனுடைய உடன்படிக்கை யில் உப்பை உன் போஜனபலியிலே குறைய விடாமல் நீ படைப்பது எல்லாவற்றோடும் உப்பையும் படைப்பா யாக." (லேவியர் 213)

"உன் பிறப்பின் வார்த்தமானம் என்னவென்றால், நீ பிறந்த நாளிலே உன் தொப்புள் அறுக்கப்படவுமில்லை; நீ சுத்தமானதற்குத் தண்ணீரால் குளிப்பாட்டவும் இல்லை; உப்பில் சுத்திகரிக்கப்படவுமில்லை; துணிகளில் சுற்றப்படவுமில்லை." (எசாக்கியர் 16:4)

"அவைகளைக் கர்த்தருடைய சந்நிதியில் பலியிடுவாயாக; ஆசாரியர்கள் அவைகளின் மேல் உப்பைத் தூவி, அவை களைக் கர்த்தருக்குத் தகனபலியாக இடக்கடவர்கள்." (எசாக்கியர் 43:24)

"அவனவனுக்கு இன்னின்னபடி உத்தரவு சொல்ல வேண்டுமென்று நீங்கள் அறியும்படி உங்கள் வசனம் எப்பொழுதும் கிருபை பொருந்தினதாயும் உப்பால் சாரமேறினதாயுமிருப்பதாக" என்று மத்தேயு ஆகமத்தில் இரண்டு தடவையும் லூக்கா ஆகமத்தில் இரண்டு தடவையும் மாற்கு ஆகமத்தில் ஒருதடவையும் காலின் கடிதங்களில் ஒருதடவையும் ஆக மொத்தம் எட்டு இடங்களில் புதிய ஏற்பாட்டில் உப்பு குறிப்பிடப்பட் டுள்ளது. (Sebastin 1997:121)

"உலகிற்கு உப்பு நீங்கள். உப்பு சாரமற்றுப் போனால் வேறு எதனால் சாரம் பெறும்? இனி, வெளியில் கொட்டப் பட்டு மனிதரால் மிதிபடுமேயொழிய, ஒன்றுக்கும் உத வாது." (மத்தேயு 5:13)

"உப்பு நல்லதுதான், ஆனால் உவர்ப்பு அற்றுப் போனால் எதைக்கொண்டு அதற்குச் சாரம் ஏற்றுவீர்கள்? உங்களுக்

குள் உப்பு இருக்கட்டும். ஒருவர் ஒருவரோடு சமாதான மாயிருங்கள்." (மாற்கு 9:50)

"உப்பு நல்லதுதான், ஆனால் உப்பு சாரமற்றுப் போனால் வேறு எதனால் சாரம் ஏற்றப்பெறும்? நிலத்திற்கோ எருக்குழிக்கோ பயனற்றது. வெளியில்தான் கொட்டப் படும்." (லூக்கா 14:34-35)

இவ்வாறு விவிலியத்தில் மட்டுமின்றி கத்தோலிக்கத் தேவாலயங்களில் ஞாயிற்றுக்கிழமை நிகழும் வழிபாட்டிலும் மந்திரிக்கப்பட்ட உப்புத் தண்ணீரைக் குரு தம்மீதும் திருப் பணியாளர்கள் மீதும் ஆலயத்தின் நடுவே சென்று மக்கள் மீதும் தெளிக்கும் வழக்கமும் உண்டு. குருவின் முன்னால் பாத்திரமொன்றில் வைக்கப்பட்டுள்ள தண்ணீரைச் சில மந்திரங் களைக் கூறிப் புனிதநீராகக் குரு மாற்றுவார். பின்னர், பின் வரும் மந்திரத்தைக் கூறி உப்பை மந்திரித்து அப்பாத்திரத்தினுள் இடுவார்.

எல்லாம் வல்ல இறைவா
தண்ணீர் வளம்பெற அதில் உப்பிட வேண்டுமென்று
இறைவாக்கினர் எலிசேயு வழியாகக் கற்பித்தீர்
இந்த உப்பைப் பரிவன்புடன் ஆசீர்வதித்தருள
உம்மைத் தாழ்மையாய் வேண்டுகிறோம்.
ஆண்டவரே, உப்புக் கலந்த இத்தண்ணீர்
தெளிக்கப்படும் இடம் எல்லாம்
எதிரியின் தாக்குதல் அனைத்தும் தோல்வியுறச்
செய்வீராக
மேலும் உம்முடைய தூய ஆவி எழுந்தருளி எங்களை
இடையறாது பாதுகாக்க வேண்டும்

இம்மந்திரம் இலத்தீன் மொழியிலுள்ள மந்திரத்தின் தமிழ் வடிவமாகும். 'உரோமைப் பூசை புத்தகம்' (Roman Missal) என்ற பழமையான பூசை புத்தகத்திலிருந்து மொழி பெயர்க்கப் பட்ட, பூசை புத்தகம்' (1979:795) என்ற நூலில் இத்தமிழ் மந் திரம் இடம்பெற்றுள்ளது.

திருமுழுக்கின்போது குருவானவர் உப்பு கலந்த தண்ணீ ரைத் தமது விரலால் தொட்டு திருமுழுக்கு பெறுபவரின் நாவில் தடவுவது வழக்கம்.

கத்தோலிக்கர்களின் சமய வாழ்வில் உப்பு பெற்றுள்ள முக்கியத்துவத்தை மேற்கூறிய செய்திகள் உணர்த்துகின்றன. கத்தோலிக்கர்களாக மதம்மாறிய தமிழர்களிடையே உப்பு தொடர்பான பாரம்பரிய நம்பிக்கைகள் இங்கும் தொடர்வதற்கு இவை மறைமுகமாக உதவியுள்ளன. விவிலிய அங்கீகாரத்தையும்

திருச்சபை அங்கீகாரத்தையும் ஏற்கெனவே உப்பு பெற்றிருந்த தானது அதனைப் பிரசாதப் பொருளாக வீட்டிற்குக் கொண்டு வந்து பயன்படுத்துவதற்குத் துணைநின்றுள்ளது.

தமிழ்நாட்டில் பரவிய கத்தோலிக்கம் உப்பு தொடர்பான தமிழர்களின் பாரம்பரிய நம்பிக்கைகளை முற்றிலும் அழித்து விடவில்லை. அதே சமயத்தில் கத்தோலிக்கச் சமயத்தின் சாரத்தை உப்பு குறித்த நம்பிக்கைகளில் தெளித்துள்ளது.

நோய்தீர்க்கும் மந்திர வைத்தியத்தில் உப்பும் மிளகாய் வற்றலும் சேர்த்துக் கட்டிய சிறு பொட்டலத்தால் உடலைத் தொட்டு நெருப்பிலிடுவது இந்துக்களின் பழக்கமாகவுள்ளது. இதே மந்திர சிகிச்சை முறையைக் கத்தோலிக்கர்களும் பின்பற்று கிறார்கள். ஆனால் அவ்வாறு தொடும்போது விசுவாச மந்திரத் தைக் கூறுகிறார்கள். இங்கு உப்புடன் கத்தோலிக்க சமய மந்திரம் இணைக்கப்படுகின்றது.

இவ்வாறு தமிழ்நாட்டுக் கத்தோலிக்கர்களின் நாட்டார் வழக்காற்றிலும் உப்பு ஒரு முக்கிய இடத்தைப் பெற்றுள்ளது. ஆனால் காணிக்கைப் பொருள் என்பதுடன் ஒரு புனிதப் பொருள் – பிரசாதப் பொருள் என்ற நிலையினையும் பெற் றுள்ளது. இதனைப் பின்வரும் வரைபடத்தின் வாயிலாக விளக்கலாம்.

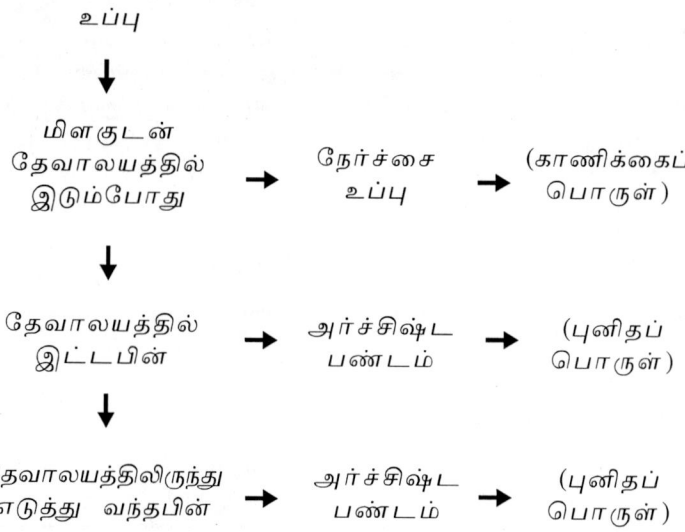

உப்பு

↓

மிளகுடன் தேவாலயத்தில் இடும்போது → நேர்ச்சை உப்பு → (காணிக்கைப் பொருள்)

↓

தேவாலயத்தில் இட்டபின் → அர்ச்சிஷ்ட பண்டம் → (புனிதப் பொருள்)

↓

தேவாலயத்திலிருந்து எடுத்து வந்தபின் → அர்ச்சிஷ்ட பண்டம் → (புனிதப் பொருள்)

இவ்வாறு தேவாலயத்திலிருந்து பிரசாதப் பொருளாக எடுத்து வந்த நேர்ச்சை உப்பு முன்னர் குறிப்பிட்டதுபோல்

1. நோய் தீர்க்க
2. பயிர் செழித்து வளர
3. மீன்பாடு கிடைக்க
4. கெட்ட ஆவிகளிலிருந்து பாதுகாக்க

எனப் பல்வேறு பயன்பாடுகளைக் கருதி கத்தோலிக்கர்களால் பயன்படுத்தப்படுகின்றது. தமிழக நாட்டார் பண்பாட்டிற்கும் மேற்கிலிருந்து இங்கு பரவிய கத்தோலிக்க சமயத்திற்கும் இடையே நிகழ்ந்த பண்பாட்டுக் கலப்பின் விளைவாகவே உப்பு தொடர்பான இந்நம்பிக்கைகள் கத்தோலிக்கர்களிடம் இடம்பெற்றுள்ளன.

உப்பும் நன்றியறிதலும்

நன்றியுணர்வுடன் உப்பு பிணைக்கப்பட்டுள்ளது. ஒரே மேசையில் அமர்ந்து உண்ணுபவர்களை உப்பு நண்பர்களாக்குகிறது. நண்பர்களுக்கு இடையே சண்டையிருக்கக் கூடாது. இதன் காரணமாகவே லியானார்டோ டாவின்சி தீட்டிய யேசுநாதரின் இறுதியுணவு குறித்த ஓவியத்தில் யூதாஸ் உப்பைத் தலைகீழாக வைத்திருப்பதாக சித்தரித்துள்ளார் என்று ஹட்டன் என்பவர் குறிப்பிடுகிறார். (Sebastin 1997:125)

தமிழ்நாட்டிலும் உப்பு நன்றியுணர்வின் குறியீடாக அமைகிறது. 'உப்பிட்டவரை உள்ளளவும் நினை' என்ற பழமொழி வழக்கிலுள்ளது.

தென்மாவட்டங்களில் வாழும் ஒரு சாதியினர் பிறர் வீட்டில் உணவு உண்ணும்பொழுது மோர்ச் சோற்றுக்கு உப்புப் போடாது உண்பார்களாம். ஏனென்றால் உப்புப் போட்டுத் தின்றுவிட்டால் அந்த வீட்டில் களவு செய்யமுடியாதாம். சில சந்தர்ப்பங்களில் சோற்றில் உப்பு இருந்தாலோ மோரில் உப்பு கரைக்கப்பட்டிருந்தாலோ அந்த உப்பை முறிப்பதற்காகச் சாப்பிடும் மண் தரையிலிருந்து சிறிது மண்ணைக் கிள்ளிப் போட்டுவிட்டு உண்பார்களாம். இது ஏறத்தாழ ஒரு நூற்றாண்டுக்கு முன்பு நெல்லை, தூத்துக்குடி மாவட்டங்களில் இருந்த பழக்கம்.

மருந்துப்பொருளாக உப்பு

தமிழர்களின் பாரம்பரிய மருத்துவ முறையை 1. சித்த மருத்துவம், 2. கை மருத்துவம் அல்லது வீட்டு வைத்தியம் என இரண்டாகப் பகுக்கலாம். இவற்றுள் சித்த மருத்துவம் என்பது, சித்த மருத்துவ நூல்களைப் பயின்றும் சித்தவைத்தியர்களிடம் பயிற்சி பெற்றும் மேற்கொள்ளும் வைத்தியமுறையாகும்.

கைமருத்துவம் அல்லது வீட்டுவைத்தியம் என்பது அனுபவ அறிவின் அடிப்படையில் சில குறிப்பிட்ட உடற்கோளாறுகளுக்கும் சிக்கலில்லாத நோய்களுக்கும் வீட்டில் மேற்கொள்ளும் வைத்தியமுறையாகும். இம்முறையைப் பெரும்பாலும் கைக்குழந்தைகளுக்குப் பெண்கள் மேற்கொள்வர். இதன்றி மனிதர்களை எளிதில் பாதிக்கும் வயிற்றுவலி, சாதாரணக் காய்ச்சல், சளித்தொல்லை, இருமல், மலச்சிக்கல் ஆகியனவற்றிற்கும் இம்முறையில் சிகிச்சையளிப்பர்.

கடையில் கிடைக்கும் சுக்கு, மிளகு, ஓமம், திப்பிலி, சித்தரத்தை, இஞ்சி, தேன் போன்றவற்றை இவ்வைத்தியமுறையில் பயன்படுத்துவர். இவற்றைக் 'கடைச்சரக்கு' என்று பொதுவாகக் குறிப்பிடுவர். இவற்றுடன் வீட்டுக் கொல்லைகளில் வளரும் துளசி, தூதுவளை, ஆடாதோடை, வேம்பு, கற்பூரவல்லி, துத்தி போன்ற தாவரங்களையும் இம்மருத்துவத்தில் பயன்படுத்துவர்.

இம்மருத்துவமுறை ஏட்டில் எழுதப்படாது தலைமுறை தலைமுறையாகக் கேள்வியறிவு மற்றும் அனுபவ அடிப்படையில் அறிந்துகொள்ளப்படுகிறது. பெரும்பாலும் வயதான பெண்களே இம்முறையை அறிந்துள்ளதன் அடிப்படையில் 'பாட்டி வைத்தியம்' என்பர். சுக்கு, மிளகு போன்றவற்றை வீட்டில் அஞ்சறைப்பெட்டியில் போட்டுவைக்கும் முறை இருந்தமையால் இப்பொருட்களைப் பயன்படுத்தும் இவ்வைத்தியமுறை 'அஞ்சறைப்பெட்டி வைத்தியம்' என்றும் கூறப்படும். இவ்வைத்திய முறையே தமிழர்களின் நாட்டார் மருத்துவம் ஆகும்.

மேற்கொள்ளப்படும் முறையின் அடிப்படையில் நாட்டார் மருத்துவத்தை,

1. இயற்கை நாட்டார் மருத்துவம்.
   (Natural folk medicine)

2. மந்திர – சமய மருத்துவம்.
   (Magico – religious folk medicine)

என டான்யாடர் இரண்டாகப் பகுப்பார். இவர் கருத்துப்படி, இயற்கை சார்ந்த நாட்டார் மருத்துவம் என்பது,

> "மனிதன் அவனது இயற்கைச் சூழலுக்கு எதிராக நடத்திய தொன்மையான ஓர் எதிர் இயக்கத்தைப் பிரதிநிதித்துவப்படுத்துகிறது. அவனது நோய்களுக்கு இயற்கையிலுள்ள மூலிகைகளிலும் தாவரங்களிலும் தாதுக்களிலும் விலங்குப்பொருட்களிலும் குணம் நாடுவதை உள்ளடக்கியது. மந்திர – சமய மருத்துவம் என்பது புனித

மந்திரங்கள் புனித வார்த்தைகள், புனித செயல்கள் மூலமாக நோய்களைக் குணப்படுத்த முயற்சிப்பது" (*Don Yoder 1972:192*).

இவ்விரு நாட்டார் மருத்துவத்திலும் உப்பு இடம்பெறு கிறது.

'பதார்த்த குணசிந்தாமணி' என்னும் நூல் அளத்து உப்பு என்று உப்பைக் குறிப்பிட்டு அதன் பொதுவான மருத்துவ குணங்களை,

அளத்திலுறை நல்லுப் பனல்வாத மாற்றுங்
களத்து நோய்தன்னைக் களையுங் – கிளைத்தகப
வாசுடைய வல்லைநோ யட்டகுன்ம மும்போக்குங்
காசினியுண் மாதே கழா்

என்று குறிப்பிடுகிறது. அளத்திலுள்ள நல்ல உப்பு உஷ்ண வாதம், அண்டவாத ரோகிணி, ஆமந்திரண்ட வல்லைக்கட்டி, எட்டுவித குன்மம் ஆகியவற்றைப் போக்கும் என்பது இச் செய்யுளின் பொருளாகும். மேலும் உப்பின் வகைகளை,

(i) கறிஉப்பு (ii) கல்லுப்பு (iii) கம்பி உப்பு

(iv) இந்துப்பு (v) பஞ்சலவணம் (vi) கந்திஉப்பு

(vii) சவ்வர்ச்சலவணம் (viii) பிடாலவணம்

என்று நுணுக்கமாகக் குறிப்பிட்டு ஒவ்வொரு வகை உப்பின் மருத்துவப் பயன்களையும் தனித்தனி செய்யுள்களில் குறிப்பிடு கிறது.

தமிழக நாட்டார் மருத்துவத்தில் உப்பின் பயன்பாட் டைப் பின்வருமாறு அட்டவணைப்படுத்தலாம். மந்திர வைத் தியத்தில் உப்பு பயன்படுத்தப்படுவது 'மந்திரப் பொருளாக உப்பு' என்ற தலைப்பில் இடம்பெற்றுள்ளது.

நோய்	மருத்துவம்
1. இளநீர்க்கட்டு (டான்சில்)	தும்பைச் செடி இலையுடன் உப்பையும் சேர்த்துச் சாறு பிழிந்தெடுத்து ஒரு சங்கு கொடுத்து வந்தால் இளநீர்க் கட்டு கரையும்.
2. ஈ தொல்லைக்கு	உப்புக் கரைத்த தண்ணீரைத் தரையில் தெளித்தால் ஈ மொய்க்காது.

நோய்	மருத்துவம்
3. காலில் முள் குத்தி, குத்திய இடத்தில் வலி இருந்தால்	உப்பைச் சிறு பொட்டலமாகத் துணியில் கட்டி அப் பொட்டலத்தை வெந்நீரில் நனைத்து முள் குத்திய இடத்தில் ஒத்தடம் கொடுக்க வேண்டும். திரும்பத் திரும்ப இவ்வாறு செய்தால் வலி நீங்கும்.
4. சுளுக்கு ஏற்பட்டால்	சுளுக்கேற்பட்ட இடத்தில் நல்லெண்ணெய் தடவிப் பின் உப்புப் பொட்டலத்தை வெந்நீரில் நனைத்து அப் பொட்டலத்தால் சுளுக்குள்ள பகுதியில் மெதுவாக அடிக்க வேண்டும். 'உப்புக் கட்டி அடித்தல்' என்று இதனைக் கூறுவர்.
5. சொத்தைப்பல்	சிறிதளவு உப்பை வாயில் போட்டு வெந்நீரை வாயில் ஊற்றிக் கொப்பளித்தால் சொத்தைப் பல்லில் ஏற்படும் கூச்சமும் வலியும் நிற்கும்.
6. சூட்டினால் ஏற்படும் வயிற்றுப்போக்கு	வாத்து முட்டையை அவித்து முட்டையின் ஓட்டை உடைக்காமல் அப்படியே 1 மணி நேரம் உப்பிற்குள் புதைத்து வைக்கவேண்டும். பின்னர் அதனை உரித்து உண்டால் வயிற்றுப்போக்கு தீரும்.
7. தலையிலுள்ள பொடுகு நீங்க	உப்பு, மஞ்சள், வேப்பிலை மூன்றையும் ஒரு கைப்பிடி யளவு எடுத்து அரைத்துப் பொடுகு உள்ள இடத்தில் பூசிவரப் பொடுகு நீங்கும்.

ஆ. சிவசுப்பிரமணியன்

நோய்	மருத்துவம்
8. தண்ணீர் குடிக்க விருப்பமில்லா விலங்குகளுக்கு	தண்ணீரில் உப்புப் போட்டு வைத்தால் தண்ணீர் குடியாத மாடும் தண்ணீர் குடித்து விடும்.
	தண்ணீர் குடிக்காத ஆட்டின் வாயைத் திறந்து சிறிதளவு உப்பைப் போட்டுத் தண்ணீர் ஊற்ற வேண்டும். உப்பின் காரணமாக நீர் வேட்கை ஏற்பட்டு ஆடு தண்ணீர் குடிக்கும்.
9. தலைவலிக்கு	மண் அல்லது இரும்புச் சட்டியிலிட்டு வறுத்த உப்பைத் துணியில் கட்டி ஒத்தடமிட்டால் தலைவலி நீங்கும்.
10. அட்டை உடலில் ஒட்டிக் கொண்டால்	"மழைக்காலங்களில் காட்டில் பிரயாணம் செய்யும் மலை வாசிகள் இரத்தத்தை உறிஞ்சும் அட்டைகள் உடலில் ஒட்டிக் கொண்டால் அவற்றின் பிடியிலிருந்து விடுபடத் தயாராக மூங்கில் குழாயில் வைத்திருக்கும் உப்புநீரை அந்த அட்டையின் மீது ஊற்று வார்கள். உடனே அட்டை சுருண்டு விழுந்துவிடும்." (பிலோ இருதயநாத் 1991:119)
	மேற்குத் தொடர்ச்சி மலையின் பாபநாசம் பகுதியில் வாழும் காணிக்காரர்கள் என்ற பழங்குடிகள் அட்டைக் கடியில் இருந்து தப்ப ஈரக் காலில் உப்பைத் தேய்த்து விட்டு நடந்து செல்வர். (அறிவழகன்)

நோய்	மருத்துவம்
11. தோள்பட்டை மற்றும் கழுத்துப் பகுதியில் ஏற்படும் தசை வலிக்கு	வேலிப்பருத்தி இலையையும் உப்பையும் உள்ளங்கையில் வைத்துக் கசக்கி அச்சாற்றைப் பூசினால் வலி நீங்கும். இவ்விரண்டையும் கல்லில் அரைத்தும் பூசலாம்.
12. மூடை சுமந்து கழுத்துத் திருப்ப முடியாதிருந்தால்	உப்புப் பொட்டலத்தை வெந்நீரில் நனைத்துக் கழுத்துப் பகுதியில் ஒத்தடம் கொடுத்தால் வலி நீங்கும்.
13. வயிற்றுவலி, வாயுகுத்து	முருங்கை இலையையும் உப்பையும் சேர்த்து கையால் கசக்கிச் சாறெடுத்து ஒரு சங்களவு புகட்ட வேண்டும். பெர்சிமாக்குவின் என்ற ஆங்கில ஐ.சி.எஸ் அதிகாரி சேகரித்த தாலாட்டுப் பாடல் ஒன்றில் வயிற்றுளைச்சல் மிஞ்சிப் போய்க் கண்ணே உனக்கு வயிற்றுவலி வந்திருக்கா ? வெற்றிலையும் உப்பும் வச்சுக் கண்மணியே வெறும் வயிற்றில் தின்னுடம்மா என்று குழந்தையின் வயிற்று வலிக்கு மருந்தாக உப்பு குறிப்பிடப் பட்டுள்ளது. (ஜகந்நாதன் 1975:233)

படகர்களின் உப்புநாள்

நீலகிரியில் வாழும் படகர்கள் ஆண்டுதோறும் வைகாசி மாதம் வளர்பிறை அன்று ஒரு நல்லநாளைத் தேர்ந்தெடுத்து 'உப்பு தினம்' என்ற பெயரில் மாடுகளுக்கு உப்புநீரைக்

கொடுப்பர். மாடுகளுக்கு வயிற்றில் தோன்றும் ஒரு வித அடைஎரிப்பு என்று கூறப்படும் பூச்சிகளை உப்புக் கொன்று விடுகிறதாம் என்று கூறும் பிலோஇருதயநாத் அது நிகழும் முறை குறித்து எழுதியுள்ளது வருமாறு:

உப்பைத் தங்களுக்கு உபயோகப்படுத்திக் கொள்வதோடு ஆடு மாடுகளுக்கும் கழுநீரில் மலைவாசிகள் கரைத்துக் கொடுக்கிறார்கள். இதனால்தான் அவை தரும் பால் ருசியாக இருக்கிறதாம். தவிர மாடு இதனால் அதிகமாகவும் பால் கறக்குமாம். நீலகிரியில் வாழும் எல்லா மலைவாசிகளும் மாடுகளுக்கு 'உப்பு நாள்' என்று ஒரு விழா கொண்டாடுகிறார்கள். அன்று எல்லா மாடுகளுக்கும் உப்புநீரை அள்ளி அள்ளி வாயில் கொடுக்கிறார்கள்.

நீலகிரியில் வாழும் படகர், ஆண்டுதோறும் வைகாசி மாதத்தில் வளர்பிறையில் ஒரு நல்ல நாளைக் குறிப்பார்கள். அந்த நாள் திங்கட்கிழமையாக வந்துவிட்டால், அவர்களுடைய குதூகலத்துக்கு எல்லையே இல்லை.

அன்று எல்லாப் படகரும் அதிகாலையில் குளித்துவிடுவார்கள். தூய வெள்ளை ஆடையை அணிந்துகொள்வார்கள். அவர்களில் சிலர் தங்கள் மாடுகளைக் குளிப்பாட்டிப் பண வசதிக்கு ஏற்றபடி அலங்காரம் செய்வார்கள். அந்தந்த ஹட்டியிலிருக்கும் (ஊர்களிலிருக்கும்) மாடுகளை எல்லாம் பின்பு ஒரு பொதுவான இடத்தில் கொண்டுவந்து சேர்ப்பார்கள். அந்த இடத்தில் தரையில் தோண்டியிருக்கும் குழிகளிலோ கல்தொட்டிகளிலோ உப்புக் கரைத்து வைத்திருப்பார்கள். அந்த உப்புநீரை எடுத்து வரிசையாக ஒவ்வொரு மாட்டின் வாயிலும் கொடுப்பார்கள். உப்புநீரைக் குடித்த மாடுகளை அன்று மேய்ச்சலுக்கு ஓட்டிப்போவதில்லை. முன்காலத்தில் அன்று பால்கூடக் கறக்காமல் கன்றுக்குட்டியே முழுவதும் குடிக்க விட்டுவிடுவதுண்டாம். சிலர் அன்று மாடுகளுக்கு விசேஷமான ஆகாரத்தையும் கொடுப்பதுண்டாம். மாடுகளுக்கு உப்புக் கொடுத்த பின்தான், படகர் வயலில் விதை விதைப்பார்கள். மாடுகளையும் அப்போது வயலுக்கு ஓட்டிக்கொண்டு போவார்களாம்.

விளையாட்டில் உப்பு

உப்பின் முக்கியத்துவத்தின் காரணமாகவே தமிழர்களின் விளையாட்டிலும்கூட உப்பைக் குறிக்கும் சொற்கள் இடம் பெறுகின்றன. சில விளையாட்டுகளில், தோல்வியுற்றவன் வெற்றி பெற்றவனைத் தூக்கிச் சுமக்க வேண்டும். இதனை 'உப்புச் சுமத்தல்', 'உப்பு மூடை தூக்குதல்' என்ற சொற்களால் குறிப்பர். சிறு குழந்தைகளை முதுகில் சுமந்து விளையாடுவதை உப்பு மூடை தூக்குதல் என்று குறிப்பர்.

சடுகுடு விளையாட்டில் இரு குழுவினரின் எல்லைக்குள் ளும் உள்ள எல்லைக்கோட்டை 'உப்புக்கோடு' என்பர். ஒவ்வொரு குழுவினரும் எதிர்த்தரப்பிலுள்ள உப்புக்கோட்டைத் தொட்டு மண் எடுப்பதே வெற்றியாகும்.

நாட்டார் விளையாட்டுகளில் இடம்பெறும் 'உப்பு எடுப்பது' 'உப்பைத் தொடுவது' என்ற சொல்லாட்சிகள் விளையாட்டில் வெற்றியடைவதனைக் குறிக்கின்றன.

> "... விளையாட்டு (வயது வந்தவர்கள், குழந்தைகள் இருவரிடமும்) உழைப்புக்குப் பிரத்தியேகமான தயாரிப் பாகச் செயல்படுகிறது. உழைப்பு நிலைமைகளை மனதில் கற்பனை செய்து நிறைவேற்றுதல், உடற்பயிற்சி மற்றும் உணர்ச்சிபூர்வமான தயாரிப்பை அது உள்ளடக்கியிருக் கிறது. இளைய தலைமுறையினருக்குப் போதிப்பதற்கும் பயிற்றுவிப்பதற்கும் சமூக உறவுகளில் பெற்ற அனுபவத்தை யும் குறிப்பிட்ட இயற்கை நியதிகளைப் பற்றிய அறிவை யும் மாற்றிக் கொடுப்பதற்கும் விளையாட்டு ஒரு சாதன மாக இருக்கிறது."

என்று அந்திரெயெவ் (1987:109–110) குறிப்பிடுவார். இதனடிப் படையில், செல்வமாக உப்பு விளங்கிய பண்டையத் தமிழ்ச் சமூக அமைப்பில் எதிரியிடமிருந்து உப்பைக் கவர்ந்து வரும் செயலை மேற்கொள்ளத் தேவையான பயிற்சியாகவே சில விளையாட்டுகள் உருவாகியுள்ளன என்று கருத இடமுண்டு

உப்பும் செல்வமும்

பலநாடுகளிலும் செல்வம் அல்லது பணமாக உப்பு கருதப் பட்டு வந்துள்ளது என்று கூறும் எர்னஸ்ட் ஜோன்ஸ் (1951:27–28) அதற்குச் சில எடுத்துக்காட்டுக்களையும் குறிப்பிடுகிறார். பண்டைய ரோம் நாட்டில் போர்வீரர்களுக்கும் அதிகாரிகளுக் கும் சம்பளமாகப் பணத்திற்குப் பதில் உப்பு வழங்கப்பட்டது. உப்பைக் குறிக்கும் சலேரியம் (*Salarium*) என்ற இலத்தின் சொல்லிலிருந்துதான் சம்பளத்தைக் குறிக்கும் சாலரி (*Salary*) என்ற சொல் உருவானது.

16ஆம் நூற்றாண்டில் ஆப்பிரிக்காவிலும் மத்திய கால இங்கிலாந்திலும் சீனா மற்றும் திபேத்திலும் உப்புப்பணம் (*Salt Currency*) வழக்கிலிருந்துள்ளது.

'ஹில்லர்' (*Heller*) என்ற ஆஸ்திரேலிய நாணயத்தின் பெயர் உப்பைக் குறிக்கும் ஹாலே (*Helle*) என்ற பழைய செர்மன்மொழிச் சொல்லிருந்து உருவானதுதான்.

தமிழிலும் ஊதியத்தைக் குறிக்கும் சம்பளம் என்ற சொல், சம்பா + அளம் என்ற சொல்லில் இருந்து உருவானது என்ற கருத்தும் உண்டு. சம்பா என்பது சம்பா நெல்லையும் அளம் என்பது அளத்தில் விளையும் உப்பையும் குறிப்பதாக விளக்கம் கூறுவர். இதன் அடிப்படையில் நோக்கினால் 'உப்பிட்டவரை உள்ளளவும் நினை' என்ற பழமொழி உணவில் உப்பிட்டவரைக் குறிக்காது, வேலை கொடுத்து ஊதியம் வழங்குபவரைத்தான் குறிக்கிறது என்பது புலனாகும். [4]

கனவில் உப்பைக் கண்டாலோ உப்பை யாரிடமிருந்தாவது பெற்றுக்கொள்வதுபோல் கனவு கண்டாலோ செல்வம் வரும் என்ற நம்பிக்கை நெல்லை, தூத்துக்குடி மாவட்ட மக்களிடையே உள்ளது. உப்பை யாருக்காவது கொடுப்பதுபோல் கனவு கண்டால் செல்வம் நீங்கிவிடும் என்ற நம்பிக்கையுமுண்டு.

வீட்டில் விளக்கு ஏற்றிய பின் சில பொருட்களைக் கொடுத்தால் வீட்டிலிருந்து செல்வம் (இலக்குமி) போய்விடும் என்ற நம்பிக்கை இன்றும் பரவலாகத் தமிழ்நாட்டில் உள்ளது. இப்பொருள்களுள் உப்பும் ஒன்றாகும். தவிர்க்க முடியாதவாறு மிகவும் நெருக்கமானவர்களுக்கு உப்பு கொடுக்க வேண்டிய நிலை ஏற்பட்டால், கொடுத்த உப்பிலிருந்து சிறிதளவு எடுத்துத் தங்கள் வீட்டுக் கூரையில் எறிவர். இச்செயலின் மூலம் செல்வத்தை வீட்டிலேயே தங்கவைத்து விட்டதாக நம்புகிறார்கள்.

இன்றும் வணிகர் சிலர் தம் கடையைத் திறந்தவுடன் முதல் விற்பனைப் பொருளாக உப்பு விற்பதில்லை. அந்தி மாலையில் விளக்கேற்றிய பின்னால் உப்பு விற்பனை செய்வதில்லை. செல்வம் தங்களை விட்டுப் போய்விடும் என்ற நம்பிக்கையே இதற்குக் காரணமாகும்.

உணவிற்குச் சுவையூட்டுவதாலும் செல்வத்தின் குறியீடாகக் கருதப்படுவதாலும் வாழை இலையில் உணவு பரிமாறும்போது இடது மூலையில் முதலில் உப்பை வைப்பது இன்றுவரை தமிழ்நாட்டில் பின்பற்றப்படும் மரபாக உள்ளது. பெண்ணொருத்தியின் குடித்தனப்பாங்கை வெளிப்படுத்தும் செயலாகவும் இது கருதப்படுகிறது.

தமது தாயும் தந்தையும் 1870ஆம் ஆண்டில் தமக்குப் பெண்பேசி உறுதி செய்தது குறித்துப் பெரியநாயகம் பிள்ளை யென்பவர் தமது சுயசரிதையில் பின்வருமாறு குறிப்பிட்டுள் ளார்.

"எனது தகப்பனாரும் தாயாரும் பெண்பேசி நிச்சயப் படுத்தப் போனார்கள். அங்கே போய் இவர்கள் வீட்டில்

இறங்கினார்கள். அன்றைய தினம் சாப்பாடு செய்தார்கள். அப்போது என் தகப்பனார் பெண்ணைக் கொண்டு சாப்பாடு பரிமாறும்படி சொன்னார்கள். அப்படியே என் மனைவி இலைபோட்டுத் தண்ணீர் தெளித்து இலையின் ஒரு மூலையில் முதலாவது உப்பு கொண்டுபோய் வைத்தாளாம். அப்போதே இவள் குடித்தனத்துக்கு ஏற்ற பெண்ணென்று தாயாரும் தகப்பனாரும் பேசிக்கொண்டு வழக்கப்படி பரிசம் போட்டு நிச்சயப்படுத்தித் திரும்பினார்கள்."

உணவு பரிமாறும்போதும் உரிய இடத்தில் உப்பை முதலில் வைப்பதை எவ்வளவு கூர்மையாக, உணவு உண்பவர்கள் கவனித்துள்ளார்கள் என்பதை இச்செய்தி உணர்த்துகிறது.

விலக்கப்பட்ட பொருளாக உப்பு

இவ்வாறு ஓர் இன்றியமையாப் பொருளாக அமையும் உப்பு, சில நேரங்களில் விலக்கப்பட்ட பொருளாகவும் அமைகின்றது.

கணவனை இழந்த பெண், குறிப்பிட்ட சில நாட்கள் வரை உப்பு சேர்க்காது உண்ணும் பழக்கம் நெல்லை, தூத்துக்குடி மாவட்டங்களில் வாழும் பிராமணர், சைவ வேளாளர் ஆகிய சாதியினரிடம் உள்ளது. சில சடங்குகளில் உப்பில்லாத உணவு, படையல் பொருளாக அமைகின்றது. ஔவையார் நோன்பில் படைக்கப்படும் கொழுக்கட்டையில் உப்பு இருக்கக்கூடாது என்பது கண்டிப்பான நியதியாகும்.

கரிசல் நிலப்பகுதியில் பெரியம்மை நோய் தோன்றினால் 'பட்டைக்கஞ்சி காய்ச்சுதல்' என்ற சடங்கு நிகழும். வீடு வீடாகச் சென்று அரிசி வாங்கி அதனை நாற்சந்தியில் வைத்து கஞ்சியாகக் காய்ச்சி ஊர்மக்கள் அனைவருக்கும் பனை ஓலைப் பட்டையில் வழங்குவர். இக்கஞ்சியில் உப்புப் போடுவது கிடையாது.

கொங்குநாட்டுப் பகுதியில் மழை வேண்டி நிகழ்த்தப்படும் 'மழைக்கஞ்சி' என்ற சடங்கில் காய்ச்சப்படும் கஞ்சியில் உப்பிடுவது இல்லை. கோவை மாவட்டக் கம்மவர் நாயுடு இனத்தினர் நடத்தும் 'கௌரி விரதம்' என்ற சடங்கில் அவ்வகைப் பலகாரங்கள் படைப்பர். இதில் உப்பில்லாத தோசையும் ஒன்றாகும்.

உப்பு ஒரு விலக்கப்பட்ட பொருளாக இச்சடங்குகளில் ஏன் அமைகிறது என்பது ஆய்வுக்குரியதாகும்.

இறைவனின் அருளினைப் பெறும் வழிமுறைகளுள் ஒன்று தன்னை வருத்திக்கொள்ளுவதாகும். தன்னுடைய பிள்ளையாகிய மனிதன் படும் துயர்கண்டு இறைவன் இரங்கி அவனுக்கு அருள்புரிவான் என்ற நம்பிக்கையிலேயே மக்கள் பல்வேறு வழிகளில் தங்களைத் தாங்களே வருத்திக்கொள்ளுகிறார்கள்.

உண்ணா நோன்பு – அலகு குத்துதல் – திருத்தலங்களுக்குக் கால்நடையாக நடந்து செல்லுதல் – தரையில் உருண்டு செல்லுதல் ஆகியன தன்னை வருத்திக்கொள்ளும் வழிமுறைகளாகும்.

உணவுக்குச் சுவையூட்டும் உப்பை விலக்குதலும் தன்னை வருத்திக்கொள்ளும் வழிமுறைகளில் ஒன்றாக அமைகிறது. இதனடிப்படையிலேயே உப்பிட்டுச் சோறு பொங்கும் சாதியினர், இறைவனுக்குப் பொங்கலிடும்போது அதில் உப்பிடுவதில்லை. வழக்கத்திற்கு மாறாக உப்பில்லாச் சோற்றினை உண்டு வருத்திக்கொள்வதன் வாயிலாக இறைவனின் அருளைப் பெறமுடியும் என்ற நம்பிக்கை இச்செயலில் மறைந்துள்ளது.

கும்பகோணம் நகருக்கு அருகில், ‘ஒப்பிலி அப்பன் கோயில்’ என்ற ஊர் உள்ளது. இங்கு வேங்கடாசலபதி ஆலயம் ஒன்றுள்ளது. நம்மாழ்வார், திருமங்கையாழ்வார், பொய்கையாழ்வார், பேயாழ்வார் ஆகிய ஆழ்வார்களால் பாடப்பெற்றமையால், வைணவர்களின் முக்கிய புண்ணியத் தலங்களுள் ஒன்றாக இது விளங்குகிறது.

இவ்வாலயத்தில் உள்ள பெருமாளின் பெயர்களில் ஒன்று, ‘ஒப்பிலியப்பன்’ என்பதாகும். தனக்கு ஒப்பாக எவரும் இல்லாதவன் என்ற பொருளில் இப்பெயர் அமைந்துள்ளது. இப்பெயரின் அடிப்படையிலேயே ஊரின் பெயரும் அமைந்துள்ளது.

பேச்சுவழக்கில் ஒப்பிலி அப்பன் என்பது உப்பிலி அப்பன் என்று மருவியுள்ளது. இதை நியாயப்படுத்தும் வகையில் புராணச் செய்தியொன்றும் உண்டு.

இதன் அடிப்படையில் கோவில் மடப்பள்ளியில் தயாரித்து, இறைவனுக்குப் படைக்கப்படும் புளியோதரை, தயிர்ச்சாதம், வடை, முறுக்கு ஆகியனவற்றை உப்பிடாமல் தயாரிக்கிறார்கள். மேலும் உப்பிட்ட உணவுப் பொருளை இக்கோவிலில் படைப்பது பாவகரமான செயலாகக் கருதப்படுகிறது. உப்பிட்ட உணவுப் பொருளை இக்கோவிலுக்குள் எடுத்துச் செல்பவர்கள் நரகத்திற்குச் செல்வார்கள் என்ற நம்பிக்கையும் உள்ளது.

6

நம்கால உப்புத் தொழில்

சங்க காலத்தில் உப்புத்தொழில் நிகழ்ந்த முறை குறித்து சங்க இலக்கியங்களின் துணையுடன் இரண்டாம் இயலிலும் ஆங்கிலக் காலனி ஆட்சிக் காலத்தில் உப்புத் தொழிலில் ஏற்பட்ட மாறுதல்களை மூன்றாவது இயலிலும் அறிந்துகொண்டோம். நம் காலத்தில் உப்புத்தொழில் நிகழும் முறை குறித்து இவ்வியலில் ஆராய்வோம்.

உப்பு உற்பத்தியானது, உப்புநீரை ஆதாரமாகக் கொண்டது. உப்பு உற்பத்திக்கு அடிப்படையாக அமையும் உப்புநீர் இருவழிகளில் இயற்கையாகக் கிடைக்கிறது.

முதலாவதாகக் கடல்நீராகவும் இரண்டாவதாக நிலத்தடியில் உப்புநீராகவும் கிட்டுகிறது. கடல்நீரை நேரடியாகப் பாத்திகளில் சேகரித்து கதிரவனின் வெம்மையால் அது வற்றியவுடன் படியும் உப்பைச் சேகரிப்பதை சங்க இலக்கியங்கள் குறிப்பிடுகின்றன.

இதன் அடுத்த கட்டமாக கடற்கரையோரங்களில் கிட்டும் உப்புமிகுந்த நிலத்தடி நீரை, பாத்திகளில் தேங்கச்செய்து, கதிரவனின் ஒளியால் அந்நீர் ஆவியானவுடன் பாத்திகளில் படியும் உப்பைச் சேகரிப்பது அமைந்தது.

தமிழ்நாட்டில் மகாபலிபுரம் பகுதி தொடங்கி கன்னியாகுமரிவரையிலான கிழக்குக் கடற்கரைப் பகுதி பரவலாக உப்பளங்களைக் கொண்டுள்ளது. இப்பகுதிகளின் முக்கிய ஊர்களான, மரக்காணம், கடலூர், வேதாரண்யம், இராமேஸ்வரம், தூத்துக்குடி ஆகிய ஊர்களிலும் அதைச் சுற்றியுள்ள பகுதிகளிலும் உப்பு உற்பத்தி நிகழ்கிறது. இவ்வியலில் தூத்துக்குடிப் பகுதியில் நிலவும் உப்பு உற்பத்தி முறை விவரிக்கப்படுகிறது. ஏனைய

பகுதிகளில் சிற்சில வேறுபாடுகள் இருக்கலாமென்றாலும் அடிப்படையில் பெரிய அளவிலான வேறுபாடுகள் இல்லை.

உப்பள வகை

தூத்துக்குடிப் பகுதியில் மூன்றுவிதமான உப்பளங்கள் உள்ளன. முதலாவது தனிமனிதர்களுக்கு உரிமையான சிறு அளங்கள். இவற்றில் அளத்தின் உரிமையாளர்களால் நேரடியாகவோ அவர்களிடமிருந்து குத்தகைக்கு எடுத்தவர்களாலோ உப்பு உற்பத்தி நிகழும். இத்தகைய அளங்களைத் 'தன்பாடு அளம்' என்பர்.

அரசுக்கு உரிமையான நிலங்களைக் குத்தகைக்கு எடுத்து அதில் உப்பு உற்பத்தி செய்வது இரண்டாவது வகை உப்பள மாகும்.

மூன்றாவது வகை தனிப்பட்டவர்களுக்கு உரிமையான பெரிய உப்பளங்கள். இவற்றைக் 'கம்பெனி அளங்கள்' என்பர். இவை பெரும்பாலும் உணவு உப்பைவிட இரசாயனத் தொழிற் சாலைகளுக்குத் தேவையான உப்பை உற்பத்தி செய்கின்றன.

கிணற்றுப் பாசன முறை

படம்: 9 ஏற்றம் – மணப்பாடு
நன்றி: திரு. பீட்டர் ஆரோக்கியராஜ்

கடற்கரையை ஒட்டியுள்ள நிலப்பகுதியில் கிட்டும் நிலத்தடி நீரில் உப்பின் அடர்த்தி கடல்நீரில் இருப்பதைவிடக் கூடுதலாக இருக்கும். நிலத்தடியில் இருக்கும் உப்புப்பாறைகளே இதற்குக் காரணமாகும். இதனால் இப்பகுதிகளில் கிணறுகள் வெட்டி துலா (ஏற்றம்) மூலம் அந்நீரை இறைத்துப் பாத்திகளில் தேங்கச் செய்து தயாரித்தனர். அப்போதைய கிணறுகளின் ஆழம் இருபது அடியாக இருந்தது. இது பழைய முறையாகும். இரண்டு ஏக்கர் நிலத்துக்கு ஒரு கிணறு, நீர் வழங்க இயலும். கிணற்றில் நீர்வற்றினால் அதில் மீண்டும் நீர் ஊறும்வரை காத்திருப்பர்.

வேதாரண்யம் பகுதியில் கடல்நீரை வாய்க்கால்களின் வழியாக உப்பளப் பகுதிக்குக் கொண்டுவந்து அதை நேரடியாகப் பாத்திகளில் பாய்ச்சுகிறார்கள்.

குழாய்க்கிணறு முறை

இம்முறையில் நிலத்தில் துளையிட்டு அதில் குழாய்களைப் பொருத்தி மின்சார மோட்டார் வாயிலாக உப்புநீரை உறிஞ்சி எடுப்பர்.

தொடக்கத்தில் 30 அடி ஆழத்திற்குத் துளைபோட்டு உப்புநீர் எடுக்கப்பட்டது. நீண்ட காலமாக, உப்புநீர் உறிஞ்சப்பட்ட தால், மேட்டுப்பகுதியிலிருக்கும் நல்ல தண்ணீர் இப்பகுதியை நோக்கி இடம்பெயர்ந்தது. (விளக்கம்: முனைவர் அய். பால சுப்பிரமணியம் புதுச்சேரி பல்கலைக்கழகம்). இதனால் உப்பின் அடர்த்தி குறையத் தொடங்கிவிட்டது. வேறுவழியின்றி தற்போது 80 அடியிலிருந்து 150 அடிவரை துளை போடப்படுகிறது.

உப்பளத்தின் பரப்பளவுக்கு ஏற்ப மின்சார மோட்டாரின் திறனை நிர்ணயித்துக்கொள்கிறார்கள். மூன்று குதிரைத்திறனில் இருந்து ஏழரை குதிரைத்திறன்வரை உள்ள மோட்டார்கள் பரவலாகப் பயன்படுத்தப்படுகின்றன. பெரிய உப்பளங்களில் கூடுதல் குதிரைத்திறன் கொண்ட மோட்டார்கள் இடம்பெறு கின்றன.

மின்சார மோட்டாரும் குழாய்களும் உப்புநீரால் அரிக்கப் படுவது இம்முறையில் உள்ள முக்கிய இடர்ப்பாடாகும். பி.வி.சி குழாய்கள் அறிமுகமான பின்னர் குழாய்களை அடிக்கடி மாற்ற வேண்டிய சிக்கல் தீர்ந்துவிட்டது. ஆனால் மோட்டார் களின் நிலை அப்படியேதான் உள்ளது.

தற்போது யூனிட் ஒன்றுக்கு 4.80 மின்கட்டணமாக உப்பள உரிமையாளர்களிடமிருந்து வாங்கப்படுகிறது. சரியான முறையில் வயரிங் செய்யப்பட்டு பொருத்தப்பட்ட மின்சார

ஆ. சிவசுப்பிரமணியன்

மோட்டார் ஒரு மணி நேரம் இயங்கினால் ஒரு குதிரைத் திறனுக்கு 750 வாட்ஸ் மின்சாரம் செலவாகும். 5 குதிரைத் திறன் கொண்ட மோட்டார் என்றால் 5 x 750 = 3750 வாட்ஸ் செலவாகும். ஆயிரம் வாட்ஸ் கொண்டது ஒரு யூனிட். எனவே ஒரு மணி நேரம் 3.75 யூனிட் மின்சாரம் செலவாகும். நடைமுறையில் சராசரி 4 யூனிட்டுகளாகும் வாய்ப்பும் உள்ளது. தொழிற்சாலைகளுக்கு வாங்கப்படும் மின்கட்டணம் உப்புத் தொழிலுக்கும் வாங்கப்படுவது பரிசீலிக்கப்படவேண்டிய ஒன்று.

தெப்பம்

படம்: 10 தெப்பம் – தூத்துக்குடி

நிலத்தடியிலிருந்து எடுக்கப்படும் நீரைத் தேக்கிவைக்க அமைக்கப்படும் பெரிய அளவிலான பாத்தி 'தெப்பம்' எனப் படும். பெரும்பாலும் உப்பளத்தின் பரப்பளவில் நான்கில் ஒரு பங்கில் தெப்பம் இருக்கும்.

ஆழ்துளைக் கிணறிலிருந்து வரும் தண்ணீர் 'இளம் தண்ணீர்' எனப்படும். நிலத்தடிநீரில் குறைந்தது 9 டிகிரியாவது உப்பின் அடர்த்தி இருக்க வேண்டும். தெப்பத்தில் தேங்கும் இளம் தண்ணீர் கதிரவனின் வெப்பத்தால் சிறிதளவு ஆவியாக அத்தண்ணீரில் உப்பின் அடர்த்தி கூடுதலாகும். சான்றாக ஆறு தெப்பங்கள் இருந்தால் முதல் மூன்று தெப்பங்களில் தேக்கப்படும் இளம் தண்ணீரில், 9 டிகிரி உப்பின் அடர்த்தி யிருந்தால் அதை நான்காவது தெப்பத்திற்குள் பாய்ச்சி இரண்டு

நாள்கள் தேக்கிவைத்திருந்தால் அத்தெப்பத்தின் தண்ணீரில் உப்பின் அடர்த்தி 10 டிகிரியாகும். அடுத்து அத்தண்ணீரை நான்காவது தெப்பத்தில் இருநாட்கள் தேக்கிவைத்திருந்தால் 12 டிகிரியாகவும் ஐந்தாவது தெப்பத்தில் இரு நாட்கள் தேக்கி வைத்திருந்தால் 15டிகிரியாகவும் ஆறாவது தெப்பத்தில் இருநாட்கள் தேக்கி வைத்திருந்தால் 20 டிகிரியாகவும் உயரும். இதற்குக் காரணமாக அமைவது கதிரவனின் வெப்பம்தான். இவ்வாறு உப்பின் அடர்த்திகூடியநீர் 'கடுந்தண்ணீ(ர்)' எனப்படும்.

கம்பெனிஅளம் என்று மக்களால் அழைக்கப்படும் பெரிய உப்பளங்கள் நூற்றுக்கணக்கான ஹெக்டர் பரப்பில் அமைந்தவை. இப்பெரிய அளங்களில் நிலத்தடி நீரையும் கடல் தண்ணீரையும் கலந்து தெப்பங்களில் தேக்குகிறார்கள். இங்குள்ள தெப்பங்கள் சிறு குளம் போன்றே காட்சியளிக்கும்.

நிலத்தடிநீரில் காணப்படும் உப்பின் அடர்த்திக்கு ஏற்ப கடல்நீரும் நிலத்தடிநீரும் தெப்பங்களில் கலக்கப்படும். பொதுவாக 60% கடல்நீரும் 40% நிலத்தடி நீரும் இத்தெப்பங்களில் கலக்கப்படுகிறது. என்றாலும் அளத்திற்கு அளம் சிறிது வேறுபடும்.

இளந்தண்ணீர் கடுந்தண்ணீராக மாறியவுடன் அதை சிறு வாய்க்கால்களின் வாயிலாகப் பாத்திகளுக்குப் பாய்ச்சு வார்கள்.

படம்: 11 கிணற்றுப்பாசன உப்புப்பாத்தி – மணப்பாடு
நன்றி: திரு. பீட்டர் ஆரோக்கியராஜ்

ஆ. சிவசுப்பிரமணியன்

படம்: 11.1 உப்புப்பாத்தி – தூத்துக்குடி

படம்: 11.2 உப்புப்பாத்தி – வேதாரண்யம்

இப்பாத்திகள் பெரிய அளங்களில் 120 அடி நீளம் 40 அடி அகலம் கொண்டதாகப் பெரும்பாலும் அமைக்கப்படுகின்றன. சிறிய அளங்களில் 40 அடி நீளம் 20 அடி அகலம் கொண்டதாக அமைக்கப்படுகின்றன. வாய்க்கால்கள் வழியாகப் பாயும் கடுந்தண்ணீா இப்பாத்திகளில் தேங்கிநிற்கும். கடுந்தண்ணீர் 20 டிகிரி அடர்த்திகொண்டதாக இருந்தால் மூன்று

படம்: 12, 12.1 நஞ்சோடை – தூத்துக்குடி

நன்றி: திரு.லெ. முத்துராஜ்

அல்லது நான்கு தினங்களில் இப்பாத்திகளில் உப்பு படிந்துவிடும். இதை உப்பு பூத்தல் அல்லது உப்பு விளைச்சல் என்பர்.

ஆணின் உயிரணுவை உள்வாங்கிய பெண், கருவுற்று குழந்தையை ஈன்று தருதல்போல் தெப்பத்திலிருந்து வரும் கடுந்தண்ணீரை, சில நாட்கள் தன்னுள் நிறுத்தி வைத்து உப்பை விளைவிப்பதால் உப்பு விளையும் பாத்தி 'பெண்பாத்தி' எனப் பெயர்பெற்றுள்ளது.

பாத்திகளில் பாயும் கடுந்தண்ணீரின் அடர்த்தியைப் பொறுத்து சோடியம் குளோரைடு என்னும் வேதியல் பொருள் பாத்தியில் படியும். இதுவே நாம் உணவில் பயன்படுத்தும் உப்பாகும். இது தவிர எஞ்சி நிற்கும் கடுந்தண்ணீரில் சில வேதியல் பொருட்கள் இருக்கும். பாத்திகளில் சோடியம் குளோரைடு படிந்ததும் எஞ்சி நிற்கும் தண்ணீரை பாத்திகளுக்கு வெளியில் உள்ள சிறு வாய்க்காலில் வடித்துவிடுவர். அனைத்துப் பாத்திகளிலும் இருந்து வடியும் நீர் இவ்வாய்க்கால் வழியே ஓடி அளத்திற்கு வெளியே நிலத்தில் பரவிப்பாயும். பின் கதிரவன் ஒளியால் உப்பாகப் பூக்கும். ஆனால் இந்த உப்பு நச்சுத்தன்மை கொண்டது. இதன் காரணமாகவே பெண்பாத்தி யில் இருந்து வடித்தெடுக்கும் நீர் ஓடும் வாய்க்கால், 'நஞ்சோடை', 'நஞ்சு வாய்க்கால்' என அழைக்கப்படுகிறது.[5]

சிறிய கிணறுகளில் இருந்து ஏற்றத்தின் துணையுடன் நீர் இறைத்து உப்பு உற்பத்தி செய்தபோது சிறிய பாத்திகளில் நீரைத் தேக்கி வைத்து பின் அதை நேரடியாகப் பெண்பாத்தி களுக்குப் பாய்ச்சி வந்தனர். இப்போது இருப்பதுபோல் தெப்பம் கிடையாது. இப்பாத்திகள் 'ஆண்பாத்தி' எனப்பட்டன. மின்சார எந்திரத்தின் வாயிலாக நீர் இறைக்கும் முறை அறிமுக மான பின் ஆண்பாத்தி மறைந்து 'தெப்பம்' நடைமுறைக்கு வந்துவிட்டது. பெண்பாத்தி என்ற பழைய பெயர் மட்டும் நடைமுறையில் உள்ளது.

உப்பு வாருதல்

பாத்திகளில் பாயும் கடுந்தண்ணீரில் இடம்பெறும் உப்பின் அடர்த்தியைப் பொறுத்து உப்பு விளையும் நாள் அமையும். அடர்த்தி கூடுதலாக இருந்தால் விரைவாகவும், குறைவாக இருந்தால் தாமதமாகவும் உப்பு விளையும். பொதுவாக, தூத்துக்குடிப் பகுதியில் உப்பளப் பாத்திகளில் பாய்ச்சும் நீரில் உப்பின் அடர்த்தி 19 டிகிரி முதல் 20 டிகிரி வரை உள்ளது.

படம்: 13 கிணற்றுப்பாசன பாத்தியிலிருந்து உப்பு வாருதல் – மணப்பாடு

படம்: 13.1 உப்பு வாருதல் – தூத்துக்குடி

நன்றி: திரு.லெ. முத்துராஜ்

ஆ. சிவசுப்பிரமணியன்

படம்: 14, 14.1 உப்புச் சுமக்கப் பயன்படும் பனைநார்ப் பெட்டியும் உலோகப் பாத்திரமும் – தூத்துக்குடி

உப்பு விளைந்து எஞ்சியுள்ள நீர் நஞ்சோடையில் படிந்த பின், 'வாருபலகை' என்னும் கருவியால் பாத்திகளில் படிந்துள்ள உப்பை வாரி பாத்திகளின் இருபுறமும் உள்ள வயல் வரப்பு போன்ற மேட்டுப்பகுதியில் குவிப்பர். குவிக்கப்பட்ட உப்பி லுள்ள எஞ்சிய நீர், வடிந்தும், வெப்பத்தில் ஆவியாகவும் போனபின் அவற்றைத் தலைச்சுமையாகச் சுமந்து உப்பளத்தில்

ஒதுக்கப்பட்ட மேட்டுப்பகுதியில் கொட்டுவர். இது 'தட்டுமேடு எனப்படும். வெயிலில் உப்பு நன்கு காய்ந்தபின் தென்னை அல்லது பனை ஓலைகளைக் கொண்டு உச்சிப் பகுதியில் இருந்து அடிப்பகுதிவரை வீடுகளுக்கு கூரை மேய்வது போல் இறுக்கமாக மூடிவிடுவர். மழை பெய்தால் உப்பு கரையாமல் இக்கூரை பாதுகாப்பளிக்கும்.

படம்: 15 வாருபலகை – மணப்பாடு

படம்: 16 தட்டுமேட்டில் குவிக்கப்பட்ட உப்பு – தூத்துக்குடி

ஆ. சிவசுப்பிரமணியன்

படம்: 16.1 பனைஓலையால் வேயப்பட்ட உப்புக்குவியல் – தூத்துக்குடி

படம்: 16.2 தென்னைஓலையால் வேயப்பட்ட உப்புக்குவியல் – வேதாரண்யம்

தூள் உப்பு

உப்பை அரைத்து மாவுபோலாக்கி பிளாஸ்டிக் உறைகளில் அடைத்து 'டேபிள் சால்ட்' என்ற பெயரில் விற்பனை செய்யும் போக்கு பரவலாகியுள்ளது. இதனால் பல உப்பளங்களில் உப்பரைக்கும் தொழிலும் நிகழ்கிறது.

ஈரப்பசையுடன் கூடிய உப்பைத் தூளாக்குவது கடினம். எனவே அதை நன்கு வெயிலில் காய வைப்பர். இதன் பொருட்டு உப்பளத்தின் ஒரு பகுதியில் கடப்பைக் கல்லைப் பதித்து வைத்திருப்பர். கடப்பைக் கல் வெப்பத்தை உள்வாங்கி வைத்திருக்கும் தன்மையது.

படம்: 17 கடப்பைக்கல் தளம் – தூத்துக்குடி

இத்தன்மையினால் உப்பின் மேல்பகுதியில் கதிரவனின் வெப்பமும் அடிப்பகுதியில் கடப்பைக்கல் வெளிப்படுத்தும் வெப்பமும் தாக்கி உப்பு விரைவில் காய்ந்துவிடும். பின்னர் காய்ந்த உப்பை மாவாக்கும் எந்திரத்தில் இட்டு அரைத்து, தூள் உப்பாக்கிவிடுவர்.

விற்பனை முறையில் ஏற்பட்ட மாறுதல்கள்

முன்னர் சாக்குமூட்டைகளில் உப்பு அனுப்பப்படும். ஈரக்காற்றிருந்தால் சாக்குகளில் உள்ள துவாரங்களின் வழியே அது சென்று உப்பைக் கசியச்செய்துவிடும். தற்போது இரசாயன உர மூடைகளை அனுப்புவதுபோல் பாலிதீன் சாக்குகளில் உப்பு அனுப்பப்படுவதால் இக்குறைபாடு தவிர்க்கப்பட்டுள்ளது.

ஆ. சிவசுப்பிரமணியன்

படம்:18 பாலிதீன் பைகளில் உப்பை அடைத்தல் – தூத்துக்குடி
நன்றி : திரு. பீட்டர் ஆரோக்கியராஜ்

படம்: 18.1 பாலிதீன் பைகளில் சிப்பமாகக் கட்டுதல்
நன்றி : திரு. பீட்டர் ஆரோக்கியராஜ்

சில்லறை விற்பனைக் கடைகளில் எளிதாக எடுத்துக் கொடுக்கும் வகையில் சிறு சிறு பாலிதீன் பைகளில் குறிப்பிட்ட எடையளவுகளில் உப்பு அடைக்கப்பட்டு அவையெல்லாம் மொத்தமாக ஒரு சாக்கில் கட்டப்பட்டு அனுப்பப்படுகின்றன.

உப்பு வியாபாரிகள் உப்பளத்தில் உப்புக் கொள்முதல் செய்யும்போது, தனித்தனி மூடைகளில் இடப்படும் உப்பின் அளவை மொத்தமாகக் கூட்டி, கணக்கெடுப்பர். தற்போது மூடைகள் ஏற்றி முடிந்தவுடன் லாரியுடன் எடைபோடப் பட்டு, லாரியின் எடையைக் கழித்துக் கணக்கெடுக்கப்படுகிறது.

செய்நேர்த்தி

படம்: 19 பாத்தி மிதித்தல் – மணப்பாடு
நன்றி: திரு. பீட்டர் ஆரோக்கியராஜ்

தை மாதம் (சனவரி 15க்கு மேல்) உப்புப் பாத்திகளை உருவாக்கும் வேலை நடக்கும். இதை 'செய்நேர்த்தி' என்பர். ஒவ்வொரு ஆண்டும் செய்நேர்த்தி செய்தாக வேண்டும். அள மொன்று புதிதாக உருவாக்கப்படும்போது பாத்திகளும் ஓடை களும் அமைக்கப்படும். பழைய அளமென்றால் ஓடைகளும் வரப்புகளும் மராமரத்துச் செய்யப்படும். களிமண் நிறைந்த பகுதியென்றால் மணலும் மணல் நிறைந்த பகுதியென்றால் களிமண்ணும் பாத்திகளில் போடப்படும். பின்னர் அளவாக உப்புநீரைப் பாத்திகளில் பாய்ச்சி ஒரு பாத்திக்கு இருபத்தி ஐந்துபேர் என்ற கணக்கில் நின்று பாத்தியைக் காலால்

மிதித்து மிதித்து சிமெண்ட் தளம்போல் இறுகச்செய்வர். நீரைக் கீழே வடியவிடும் ஆற்றலை பாத்திகள் இழந்துவிடுவதற்காகவே இது நிகழ்கிறது. இவ்வேலையை 'கங்காணி' என்பவர் மேற் பார்வையிடுவார்.

மின்சார மோட்டார் அறிமுகமாகாத காலத்திலிருந்த சிறிய பாத்திகளில் ஒரு பாத்திக்கு நான்குபேர் நின்று பாத்தியை மிதிப்பர்.

இந்நால்வரையும் அழைத்துவரும் கங்காணியின் அதட்டல் உருட்டல்களைப் பொறுக்காது,

கங்காணி கங்காணி
கருத்தச் சட்ட(டை) கங்காணி
நாலு ஆளு வரலேனா
நக்கிப் போவான் கங்காணி

என்ற தொழிற்பாடலை முன்னர் பாடியுள்ளனர்.

ஜிப்சம்

உப்பு உற்பத்தியின்போது, 'கால்சியம் சல்பேட்' என்ற வேதியியல் பொருள், உப்புப் பாத்திகளில் சிறிது சிறிதாகப் படியும். நாளடைவில் பாத்தியில் ஓர் அடுக்காக உறைந்து விடும். இதை 'அட்டு' என்பர். ஜிப்சம் என்பது இதன் அறிவியல் பெயர். செய்நேர்த்தியின்போது இதைப் பெயர்த்தெடுப்பர்.

சிமெண்ட் தயாரிப்புக்குப் பயன்படும் மூலப்பொருட் களில் கால்சியமும் ஒன்று. இதை ஜிப்சத்தின் வாயிலாகப் பெறுகின்றனர். களர் மற்றும் உவர் நிலங்களைத் திருத்தவும் ஜிப்சம் பயன்படுகிறது.

வேளாண்மையில் பயிர்களின் வளர்ச்சிக்குத் தழைச்சத்து, மணிச்சத்து, சாம்பல்சத்து என்ற மூன்று ஊட்டச்சத்துகள் தேவைப்படுகின்றன. பயிர்கள் செழித்துவளர தழைச்சத்தும் வேர்கள் வலிமையுடன் வளர மணிச்சத்தும் மலர்கள், காய் கனிகள், தானிய மணிகள் ஆகியனவற்றை நல்லமுறையில் பெற சாம்பல் சத்தும் உதவுகின்றன. இம்மூன்று ஊட்டச்சத்துக் களையும் தனித்தனியாக நிலத்தில் இடுவதற்கு மாறாக இச்சத்துக் களைக் குறிப்பிட்ட விகிதத்தில் கலந்து உருவாக்கப்பட்ட உரத்தைப் பயன்படுத்துவது எளிதானது. இவ்வகையில் இம் மூன்று சத்துக்களையும் குறிப்பிட்ட விகிதத்தில் கலந்து வேதியியல் உரம் உருவாக்கப்படுகிறது. இம்மூன்று உயிர்ச்சத்து களின் கலப்பில் அமைந்த இவ்வுரம் $N.P.K.$ உரம் எனப்படுகிறது. 'கூட்டுரம்' அல்லது 'கலப்புரம்' என்று மக்கள் இதை அழைப்பர்.

இவ்வுர உற்பத்தியில் இட்டு நிரப்பும் பொருளாக ஜிப்சம் சேர்க்கப்படுகிறது. ஜிப்சம் ஓர் உரப்பொருளல்ல என்று கூறும் வேதியியலாளர் நாகராஜன் (ஸ்பிக்) கூட்டுரத்தில் அது சேர்க்கப் படுவதற்கான காரணம் குறித்துப் பின்வருமாறு விளக்கம் தருகிறார்:

"மேற்கூறிய மூன்று உரச்சத்துக்களையும் இடுபொருளாக நிலத்தில் இடும்போது மண்ணிலுள்ள நுண்ணுயிரிகள் (பாக்டீரியா) பயிருக்கு அதை உணவாக மாற்றித் தரு கின்றன. இத்தகைய நுண்ணுயிரிகளின் பெருக்கத்திற்கு ஏற்ற விதத்தில் மண்ணின் அமிலத் தன்மையையும் காரத்தன்மையையும் சமநிலைப்படுத்துவதில் ஜிப்சம் முக்கிய பங்கு வகிக்கிறது."

நிலக்கடலைப் பயிர் நன்கு பலன்தர அதற்குக் கால்சியம் சத்து அதிகம் தேவைப்படுகிறது. இதன் பொருட்டு நிலக்கடலைப் பயிருக்கு அடி உரமாக ஜிப்சம் இடுவது வழக்கம்.

எலும்பு முறிவுக்கு ஆளானவர்களின் எலும்புகளை இயல் பான முறையில் பொருத்தி, அவை அசையாமல் இருக்க பிளாஸ்டர் ஆஃப் பாரிஸ் என்ற மாவுப்பொருளால் கட்டுப் போடுவது எலும்பு முறிவுச் சிகிச்சையில் பரவலாகக் காணப் படுகிறது. இதே மாவுப்பொருளால் சிற்பக்கலைஞர்கள் சிற்பங் களை உருவாக்கி வண்ணம் தீட்டுகின்றனர். இவ்வாறு பயன் படுத்தப்படும் பிளாஸ்டர் ஆஃப் பாரிஸ் உற்பத்தி செய்ய ஜிப்சம் ஒரு மூலப்பொருளாக அமைகிறது. (தகவல்: தோழர் நாகராஜன், ஸ்பிக்)

உப்பு உற்பத்தியில் உருவாகும் ஓர் உபஉற்பத்திப் பொரு ளான ஜிப்சம் இவ்வாறு பல்வேறு பயன்பாடுகளைக் கொண்டுள் ளது. தற்போது (2009) ஒரு டன் ஜிப்சத்தின் விலை ரூ.2500 இலிருந்து 3000வரை உள்ளது.

ஆலைத்தொழிலில் உப்பு

உணவுப் பொருளாக மட்டுமின்றி, இரசாயனத் தொழிற் சாலைகள் சிலவற்றின் மூலப்பொருளாகவும் உப்பு பயன்படு கிறது. சோடியம், குளோரைடு என்ற இரு இரசாயனப் பொருட் களின் சேர்க்கைதான் சோடியம்குளோரைடு எனப்படும் உப்பு. மின்சாரத்தின் துணையுடன் உப்பில் இருந்து சோடியத்தையும் குளோரைடையும் தனித்தனியாகப் பிரித்தெடுப்பதன் வாயிலாக இவ்விரு பொருட்களையும் மூலப்பொருட்களாகக் கொள் கின்றனர்.

ஆ. சிவசுப்பிரமணியன்

உப்பில் இருந்து பிரிக்கப்பட்ட சோடியத்தை மூலப்பொருளாகக் கொண்டு, சலவை சோப் தயாரிக்க உதவும் காஸ்டிக் சோடா தயாரிக்கப்படுகிறது.

உப்பிலிருந்து பிரிக்கப்பட்ட குளோரைடை மூலப்பொருளாகக் கொண்டு, தண்ணீரைத் தூய்மைப்படுத்த உதவும் திரவ வடிவிலான குளோரினும் பிளாஸ்டிக் தொழிலுக்கு உதவும் பி.வி.சி. பவுடரும் உற்பத்தி செய்யப்படுகின்றன. (தகவல்: நாகராஜன், ஸ்பிக்., கமலக்கண்ணன்)

உப்பளத் தொழிலாளர்

உப்புத் தொழிலில் ஈடுபடும் ஆண், பெண் தொழிலாளர்கள் தொடக்கத்தில் செய்நேர்த்திப் பணியில் ஈடுபடுவர். இதில் முக்கிய செயலாகப் பாத்திகளை மிதித்து சமன்செய்தல் அமைகிறது. செருப்பணியாத காலுடன் உப்புநீர் பாய்ந்த களிமண் பாத்தியை மிதித்து மிதித்து அதைக் குழையச்செய்து பின் சிமெண்ட் தரைபோல் இறுகச் செய்வது இப்பணியின் நோக்கமாகும்.

உப்பு உற்பத்தி தொடங்கியதும் வாருபலகையால் உப்பை வாரி, பாத்திகளின் வரப்புகளில் குவிப்பது ஆண்களின் வேலை. அவ்வாறு குவிந்த உப்பைத் தலைச்சுமையாகச் சுமந்து சென்று தட்டுமேட்டில் குவிப்பது, கடப்பைக்கல் தரையில் காயப் போடுவது, லாரிகளில் உப்பைக் கொட்டுவது ஆகியன பெண் தொழிலாளர்களின் பணியாக அமைகிறது.

ஒரு தெப்பத்திலிருந்து மற்றொரு தெப்பத்திற்கு நீரை மாற்றுவது, தெப்பத்திலிருந்து பெண்பாத்திகளுக்கு நீரைப் பாய்ச்சுவது, தெப்பத்திலும் பெண்பாத்தியிலும் உள்ள நீரில் உள்ள உப்பின் அடர்த்தியை ஹைட்ராமீட்டர் என்னும் கருவியால் கண்டறிவது, மின்சார மோட்டாரை இயக்கி தெப்பத்திற்குத் தண்ணீர் பாய்ச்சுவது ஆகியன ஆண் தொழிலாளர்களின் பணியாக உள்ளன.

தற்போது (2009) ஆண் தொழிலாளர்களுக்கு ரூ.156ம், பெண் தொழிலாளர்களுக்கு ரூ.146ம் நாள் ஊதியமாக வழங்கப்படுகிறது. ஞாயிற்றுக்கிழமை விடுமுறை நாள். அன்று ஊதியம் கிடையாது. திங்கள் முதல் சனிவரையிலான ஆறு நாட்களுக்கும் சேர்த்து சனிக்கிழமையன்று வார ஊதியம் வழங்கப்படுகிறது.

தீபாவளியை ஒட்டி போனஸ் வழங்கப்படுகிறது. இதிலும் ஆண், பெண் என்று பாகுபாடுண்டு. 2009இல் ஆண்களுக்கு ரூ.2400ம் பெண்களுக்கு ரூ.1800ம் போனஸாக வழங்கப்பட்டது.

தொழில்வழி நோய்கள்

உப்புக் கலந்த சேற்றில் தொடர்ச்சியாக வெறுங்காலுடன் மிதிப்பதன் விளைவாக காலில் வெடிப்புகள் ஏற்படும். ஊதியத்தை இழக்க முடியாத குடும்பச் சூழலில் மாதவிலக்கு நாட்களிலும் கருவுற்ற காலத்திலும் குழந்தை பெற்ற சில மாதங்களுக்குள்ளும் இப்பணியில் பெண்கள் ஈடுபடுகிறார்கள். இது அவர்களைப் பலவீனமாக்குகிறது.

கடுமையான கதிரவனின் வெப்பத்தில் வெட்ட வெளியில் நின்று தொடர்ந்து வேலை செய்வதாலும் வெண்மையான உப்பின் மீது கதிரவன் ஒளி பட்டு, கண்ணைக் கூசச் செய்வதாலும் உப்பளத் தொழிலாளர்களின் பார்வைத்திறன் குன்றுகிறது. இதைத்தடுக்கும் வழிமுறையாக குளிர் கண்ணாடி (கூலிங் கிளாஸ்) அணிந்து வேலை செய்ய வேண்டும். ஆனால் இது பல உப்பளங்களில் நடைமுறைப்படுத்தப்படுவதில்லை. ஆண்டுக்கு ஒரு முறை இதை வாங்கிக் கொடுக்கும் அளங்களும் உண்டு. ஆனால் விழிப்புணர்வு ஊட்டப்படாததால் இதைத் தொழிலாளர்கள் முறையாகப் பயன்படுத்துவதில்லை.

இப்பார்வைக் குறைபாடை மையமாகக்கொண்ட, துணுக்குச் செய்தி ஒன்றுண்டு. உப்பளத் தொழிலாளர்கள் வேலைக்குச் சென்று திரும்பும் பாதையில், அப்பகுதிப் பெண்கள் இயற்கைக் கடன் கழித்துக்கொண்டிருப்பார்கள். ஆண்கள் சற்று தொலைவில் சாலையில் வரும்போது அதைப் பார்த்து விடும் பெண், ‘ஆம்பிளவாரான் எந்திரிங்க’ என்று பிற பெண்களை எச்சரிப்பதுண்டு.

அச்சமயங்களில் ‘கையில தூக்குச்சட்டி வச்சிக்கிட்டு வாரானா பாரு’ என்று யாராவது ஒருத்தி கேட்பாள். ஆம் என்றால் ‘பேசாம இரி. அவம் அளத்து வேலக்கிப் போறவன், கண்ணு சரியாத் தெரியாது. அவம்பாட்டுக்குப் போவான்’ என்பாள். (தகவல்: தோழர் மா. காசி : *2009*)

கடும்வெயிலில் வெட்ட வெளியில் நின்று வேலைபார்க்கும் உப்பளத் தொழிலாளிகளுக்கு வேலைத்தளத்தில் குறைந்தது நான்கு லிட்டர் தண்ணீராவது தேவைப்படும். ஆனால் சிறு தூக்குச்சட்டியில் அல்லது ஒரு லிட்டர் தண்ணீர் பாட்டிலில் கொண்டு வரும் தண்ணீரையே இவர்கள் ஒரு பகற்பொழுது முழுதும் பயன்படுத்துகிறார்கள். சில அளங்களில் இரண்டு அல்லது மூன்று குடம் தண்ணீர் வைக்கிறார்கள். இது தண்ணீர்த் தேவையைப் போக்குவதில்லை. சில பெரிய அளங்களில் மரப் பீப்பாய்களில் தண்ணீர் கொண்டு தருகிறார்கள். இது பரவாயில்லை.

அதிக வியர்வையை உடல் வெளியேற்றும் நிலையில், போதிய தண்ணீர் குடியாது வேலை செய்வதால் வெளியேற்றப் படும் சிறுநீரின் அளவு குறைகிறது. இதனால் சிறுநீரகக்கல், சிறுநீரக நோய்த்தொற்று ஆகியனவற்றுக்கு எளிதில் உப்பளத் தொழிலாளர்கள் ஆளாகிறார்கள்.

அயோடின் கலந்த உப்பு

மனித இரத்தத்தில் எட்டிலிருந்து பன்னிரண்டு மைக்ரோ கிராம் வரையிலான அயோடின் சத்து உள்ளது என்று கூறும் டாக்டர் டி.ஆர்.ரவீந்திரநாத் மனித உடலில் தைராக்சின் ஹார்மோன் சுரக்க அயோடின் தேவைப்படுகிறது என்கிறார். தைராக்சின் ஹார்மோன் சுரப்பு உடலில் குறைவதற்கு அயோடின் பற்றாக்குறையே காரணம் என்று கூறும் அவர், அயோடின் பற்றாக்குறையினால் மனிதர்களுக்கு ஏற்படும் நோய்களையும் குறைபாடுகளையும் பின்வருமாறு பட்டியலிடுகிறார்.

- முன் கழுத்துக்கழலை
- மூளை வளர்ச்சி குன்றுதல்
- மூளை நரம்பு பாதிப்பு
- நினைவாற்றல் குன்றுதல்
- காது கேளாமை
- பேச்சுக் கோளாறு
- மாறுகண்
- கண் ஆடுதல்
- சதை இறுக்கம்
- சதை நரம்புத் தளர்ச்சி
- கால் கை செயலிழப்பு
- உரிய வயது வந்தும் பெண் குழந்தைகள் பூப்படையாமை
- கருப்பையில் குழந்தை இறத்தல்

இக்குறைபாடுகள் தென்கிழக்கு ஆசிய நாடுகளைச் சேர்ந்த மக்களிடையே அதிக அளவில் காணப்படுகின்றன. குறிப்பாக இந்தியா, நேபாளம், மியான்மர், பூட்டான், பங்களாதேஷ், தாய்லாந்து, இந்தோனேஷியா ஆகிய நாடுகளில் குறிப்பிடத் தக்க எண்ணிக்கையில், அயோடின் பற்றாக்குறைக்கு மக்கள் ஆளாகி வருகின்றனர் என்றும் அவர் குறிப்பிடுகிறார்.

மனிதனுக்குத் தேவைப்படும் அயோடின் சத்தில் 90% உணவின் வாயிலாகவும் 10% தண்ணீரின் வாயிலாகவும் கிட்டுகிறது. இந்தியா போன்ற வளர்முக நாடுகளில் ஏழைகளுக்கும் வறுமைக்கோடு என்று வரையறுக்கப்பட்ட கோட்டிற்குள் வாழும் மக்களுக்கும் நல்ல உணவும் குடி நீரும் கிடைப்பதில்லை.

இத்தகையச் சூழலில் அயோடின் பற்றாக்குறையைப் போக்கும் எளிய வழிமுறையாக, அனைவரும் பயன்படுத்தும் உப்பில், அயோடினைக் கலக்கும்படி உலக சுகாதார நிறுவனம் (WHO) மேற்கூறிய நாடுகளை அறிவுறுத்தியது.

இதனை ஏற்றுக்கொண்ட இந்தியா, உணவு உப்பில் அயோடின் கலப்பதைக் கட்டாயமாக்கியுள்ளது. இச்சட்டம் குறித்து உப்பு உற்பத்தியாளர்களின் கருத்து சற்று மாறுபாடாக உள்ளது.

அவர்கள் கூற்றுப்படி அயோடின் எளிதில் ஆவியாகக் கூடியது. தமிழ்நாட்டில் மலைப்பகுதிகள் நீங்கலாக பெரும்பாலான இடங்களில் அறை வெப்ப அளவு 35 டிகிரி முதல் 45 டிகிரிவரை உள்ளது. சரக்குப் போக்குவரத்திலும் சரக்குகளை அடுக்கி வைக்கும் பண்டக சாலைகளிலும் வெப்ப அளவு கூடும் வாய்ப்புள்ளது. எனவே அயோடின் கலந்த உப்பைத் தயாரிக்கும்போது அதில் இருந்த அயோடின் அளவு, சந்தைப்படுத்தலின்போது குறையவும் சிலபோது மறையவும் வாய்ப்பதிகம். இவ்வுண்மையைப் புறந்தள்ளிவிட்டு அயோடின் கலந்த உப்பையே விற்க வேண்டுமென உப்பு உற்பத்தியாளர்கள் அனைவரும் கட்டாயப்படுத்தப்படுகிறார்கள் என்ற கருத்து உப்பு உற்பத்தியாளர்களிடம் பரவலாக நிலவுகிறது.

ஆனால் இக்கருத்தை வேதியியலாளர்கள் மறுக்கின்றனர். உப்பினுள் இருக்கும் ஈரப்பசையினால் ஈர்க்கப்பட்ட அயோடின் ஆவியாகாது, அதனுள் நிலைத்திருக்கும் என்பது அவர்களது கருத்தாகும். மேலும் 30% p.p.m அளவு அயோடின் கலக்கப்பட்ட உப்பை நன்றாக சிப்பம்கட்டி வைத்தால் ஓராண்டில் 15% p.p.m அளவு குறையாமல் அயோடின் இருக்கும். இந்த அளவே போதுமானது என்கிறார்கள்.

தைராய்டு சுரப்பி அதிகம் சுரத்தலால் பாதிக்கப்படும் நோயாளிகளும் உள்ளனர். தைராய்டு சுரப்பி அதிக அளவில் சுரப்பவர்களுக்கு உடல் மெலிதல், இதயத்துடிப்பு அதிகரித்தல், கைநடுக்கம், மூச்சுத்திணறல் ஆகிய பாதிப்புகள் ஏற்படும். அத்துடன் இதயத் தாக்குதலுக்கான அதிக வாய்ப்புடையவர்களாகவும் அவர்கள் விளங்குகிறார்கள் என்று கூறும் டாக்டர் ரவீந்திரநாத், இவர்கள் அயோடின் கலந்த உப்பைத் தவிர்க்க

ஆ. சிவசுப்பிரமணியன்

வேண்டுமென்று கூறுகிறார். அப்படியானால் அயோடின் கலக்காத உப்பும் விற்பனைக்குக் கிடைக்க வேண்டும்.

மற்றொரு பக்கம் ஐதராபாத்திலுள்ள இந்திய உணவு ஆராய்ச்சிக்கழகம் சூரியகாந்தி எண்ணையில் அயோடினைக் கலக்கும் வழிமுறையைக் கண்டுபிடித்துள்ளது. ஆனால் உப்பைப் பயன்படுத்துவதைப்போல அனைத்துத் தரப்பினரும் சூரிய காந்தி எண்ணையைப் பயன்படுத்துவதில்லை. எனவே அயோடின் பற்றாக்குறையினால் இந்திய மக்களுக்கு ஏற்படும் உடற் குறைபாடுகளையும் நோய்களையும் போக்கும் எளிய வழி முறையாக உப்பில் அயோடினைக் கலக்கும் முறை காட்சி யளிக்கிறது. அதேநேரத்தில் அயோடின் கலந்த உப்பைத் தவிர்க்க வேண்டியவர்களும் உள்ளனர்.

அயோடின் விலை ஆண்டுதோறும் உயர்ந்துகொண்டு வருவதைப் பார்க்கும்போது ஏழைகளும் பயன்படுத்தும் பொருள் என்ற நிலையிலிருந்து உயர்நிலையினர் பயன்படுத்தும் பொருள் என்ற நிலைக்கு உப்பு மாறிவிடுமோ என்ற அச்சமும் ஏற்படுகிறது. மிக அற்பமானதாகக் கருதும் செய்தியை 'உப்புப் பொறாத விஷயம்' என்று இப்போது குறிப்பிடுவதுபோல் எதிர்காலத்தில் குறிப்பிட முடியாது.

இந்திய மக்களின் உடல்நலம் சார்ந்த இப்பிரச்சினையை மையமாகக்கொண்டு, பன்னாட்டுத் தொழில் நிறுவனங்களும் இந்தியப் பெருமுதலாளிகளும் ஆதாயமடைய மேற்கொள்ளும் முயற்சிகளை அரசு அனுமதிக்கக்கூடாது. அயோடின் கலந்த உப்புத் தயாரிப்பு என்ற பெயரில் சிறிய மற்றும் நடுத்தர நிறுவனங்களைப் பெரிய நிறுவனங்கள், அழிக்கவிடாதவாறு பார்த்துக் கொள்வதும் அவசியம்.

அயோடின் பற்றாக்குறையைப் போன்று, இரும்புச் சத்துப் பற்றாக்குறையும் இந்தியாவில் பரவலாகக் காணப்படுகிறது. இதனால் இரத்தசோகைக்கு ஆளாவோரின் எண்ணிக்கையும் அதிகரித்து வருகிறது. இதைத் தவிர்க்கும் வழிமுறையாக அயோடினை உப்பில் கலப்பதுபோல் இரும்புச்சத்தையும் உப்பில் கலக்கலாம் என்ற கருத்து உணவுப்பொருள் ஆராய்ச்சியாளர் களிடம் உள்ளது (தகவல்: டாக்டர் டி.ஆர். ரவீந்திரநாத்). இதுவும் வரவேற்க வேண்டிய முயற்சிதான். இத்தகைய ஆராய்ச்சிகள், உணவுக்குச் சுவையூட்டும் பொருளாக விளங்கும் உப்பை, நோய்தடுக்கும் நோய்தீர்க்கும் மருந்துப் பொருளாக வும் மாற்றிவருகின்றன.

மற்றொருபக்கம் சிறு அளவில் உப்பு தயாரிப்பாளர்களும் நுகர்வோரும் பாதிக்கப்படும் நிலை உருவாகும் ஆபத்துமுள்ளது.

இதைத் தவிர்க்கும் வழிமுறையாக சிறிய மற்றும் நடுத்தர உப்பு உற்பத்தியாளர்களிடமிருந்து அரசே உப்பைக் கொள் முதல் செய்து, அயோடின் மற்றும் இரும்புச்சத்து கலந்த உப்புகளைத் தயாரித்து, குறைந்த விலையில் மக்களுக்கு விற்க வேண்டும். அம்மைநோய் மற்றும் காலாராவுக்கான தடுப்பூசி களையும் போலியோவுக்கான சொட்டு மருந்தையும் அரசே இலவசமாக வழங்குவதுபோல் அயோடின் மற்றும் இரும்புச் சத்து கலந்த உப்பு வழங்குவதையும் தமிழ்நாடு அரசு, தன் கடமையாகக் கொள்ள வேண்டும். இதன் பொருட்டு மைய அரசிடம் சிறப்பு நிதியை வற்புறுத்திப் பெற வேண்டும்.

இப்பணியைச் செய்ய பெரிய அளவில் அமைப்புகள் எவற்றையும் புதிதாக உருவாக்க வேண்டிய அவசியமில்லை. உணவுப் பொருட்களை ஏற்கெனவே வழங்கிவரும் நியாய விலைக் கடைகள் வாயிலாக இதை எளிதில் வழங்கிவிடலாம்.

தற்போதைய சிக்கல்கள் – தூத்துக்குடிப் பகுதி

உப்பு உற்பத்திக்குத் தேவையான நீரை நிலத்தடியிலிருந்து தொடர்ந்து எடுத்துப் பயன்படுத்தி வருவதால், எடுக்கப்படும் நீரில் உப்பின் அடர்த்தி சிலபகுதிகளில் குறைந்து வருகிறது. இதனால் பாத்திகளில் உப்பு விளையும் கால அளவு அதிகரிக் கிறது. இது உப்பு உற்பத்தியளவைக் குறைக்கிறது.

உப்பு உற்பத்தியாளர்களில் ஒரு பகுதியினர் தன்பாடு அளங்களைக் குத்தகைக்கு எடுத்து உப்பு உற்பத்தி செய்து வருபவர்கள். தற்போது குஜராத் மார்வாரிகள் தம் பணபலத் தால் குத்தகைத் தொகையை உயர்த்தியும் முழுமையான குத்தகைப் பணத்தை தொடக்கத்திலேயே கொடுத்தும் விடுகின் றனர். இதனால் குறைந்த முதலுடைய உள்ளூர்க்காரர்கள் இவர்களுடன் போட்டியிட முடியவில்லை.

சிறு உப்பள உரிமையாளர்கள் உப்புத்தொழிலின் தொடக்கப் பணிகளுக்கு முதலீடு செய்யவும் உப்பளத் தொழிலாளர்களுக்கு ஊதியம் வழங்கவும் உப்பு விற்பனை யாகும்வரை காத்திருக்க முடியாது. இதன் பொருட்டு அவர்கள் கடன் வாங்குவது வழக்கம். தற்போது மார்வாரிகள் இத்தகை யோருக்கு தாராளமாகக் கடன் வழங்குகின்றனர்.

தாம் உற்பத்தி செய்யும் உப்பை ஒரு குறிப்பிட்ட விலைக்கு இவர்களிடமே விற்க வேண்டும் என்ற நிபந்தனைக்கு உட்பட்டே கடன் வழங்கப்படுகிறது. சந்தை விலையைவிடக் குறைவாகவே விலை நிர்ணயிக்கப்படுகிறது. இதனால் கடன் வாங்கிய உப்பள உரிமையாளருக்குக் குறிப்பிடத்தக்க அளவில் ஆதாய இழப்பு ஏற்படுகிறது.

இதற்கு அடிப்படையான காரணம் சிறு உற்பத்தியாளர்களிடம் நிதி ஆதாரம் குறைவாக இருப்பதுதான். வேறு சொத்துக்களை அடமானமாகத் தந்தாலன்றி வங்கிகள் இவர்களுக்குக் கடன் வழங்குவதில்லை. இந்நிலையில் இத்தகைய ஒப்பந்தங்களை ஏற்றுக்கொள்வதைத் தவிர வேறு வழியில்லை.

வேதாரண்யம் உப்புத் தொழில்

தூத்துக்குடிப் பகுதியைப் போன்றே நாகை மாவட்டம், வேதாரண்யம், அகஸ்தியம்பள்ளிப் பகுதிகளில் உப்புத்தொழில் பரவலாக நிகழ்கிறது. திருவாரூரிலிருந்து, திருத்துறைப்பூண்டி வழியாக அகஸ்தியம்பள்ளி என்ற கடற்கரை ஊர்வரை 66 கி.மீ தொலைவுக்கு ரயில் இயங்கிவந்தபோது, இப்பகுதியில் உற்பத்தியாகும் உப்பில் பெரும்பகுதி சரக்கு ரயில்கள் வாயிலாக அனுப்பப்பட்டு வந்தது.

மீட்டர்கேஜ் ரயில் பாதையை அகல ரயில் பாதையாக மாற்றுவதற்காக ரயில் போக்குவரத்து நிறுத்தப்பட்டது. இதனால் உப்புத்தொழில் பாதிப்படைந்தது குறித்து, வேதாரண்யம் பகுதி 'தினமணி' செய்தியாளர் திரு. கே.பி. அம்பிகாவதி 02.07.2009 நாளிட்ட தினமணி (திருச்சிப் பதிப்பு) இதழில் பின்வருமாறு எழுதியுள்ளார்.

> வேதாரண்யத்தை அடுத்துள்ள அகஸ்தியம்பள்ளி உள்ளிட்ட பகுதிகளில் சுமார் 10 ஆயிரம் ஏக்கர்களில் உப்பு உற்பத்தி செய்யப்படுகிறது.
>
> இரு பெரிய நிறுவனங்கள் உள்பட பல்வேறு சிறு, குறு உற்பத்தியாளர்கள் உப்பு உற்பத்தியில் ஈடுபட்டுள்ளனர்.
>
> நிகழாண்டுத் தொடக்கத்தில் பனி, மழை உள்ளிட்ட காரணங்களால் உப்பு உற்பத்தி பாதிக்கப்பட்டது. ஆனால் ஜூன் மாதம் முதல் கடும் வெயில் நிலவுவதால், வழக்கத்தைவிடக் கூடுதலாக உப்பு உற்பத்தியாகிறது.
>
> ஆனால் உற்பத்திக்கேற்ப உப்பைப் பிற மாநிலங்களுக்கு அனுப்புவதற்குப் போதிய வசதி இல்லாததால், இப்பகுதியில் சுமார் 40 ஆயிரம் டன் உப்பு தேக்கமடைந்துள்ளது. இது குறித்து உப்பு உற்பத்தியாளர்கள் கூறியது:
>
> உப்பு உற்பத்தியாகும் இடங்கள் நான்கு மண்டலங்களாகப் பிரிக்கப்பட்டு, அதன் விற்பனை முறைப்படுத்தப்பட்டிருந்தது. இந்தத் திட்டம் மத்திய உப்புத்துறையின் மூலம் நடைமுறையில் இருந்தது.

அதன்படி தமிழகத்தில் உற்பத்தியாகும் உப்பு கேரளம், கர்நாடகம், ஆந்திரா, ஒரிசா ஆகிய மாநிலங்களுக்கு அனுப்பப்பட்டது. ஆனால் இந்தத் திட்டம் 2000வது ஆண்டில் கைவிடப்பட்டது.

தற்போது, உப்பு உற்பத்தி அதிகமளவில் (70 சதம்) உள்ள குஜராத் மாநிலத்தில் இருந்து தமிழகத்துக்கு கொள்முதல் செய்யப்படுவதாலும் வேதாரண்யத் திலிருந்து உப்பைப் பிற மாநிலங்களுக்கு அனுப்புவதற்கு போதிய வாகன வசதிகள் இல்லாததாலும் விலை குறைந்ததாலும் சுமார் 40 ஆயிரம் டன் உப்பு தேக்க மடைந்துள்ளது. பல ஆண்டுகளாகவே உப்பை உரிய விலைக்கு விற்க முடியவில்லை.

குஜராத் உப்பு

இந்திய உப்பு உற்பத்தியில் குஜராத் மாநிலத்தின் பங்களிப்பு அதிகம். பரந்த நிலப்பரப்புகளில் உப்பளங்கள் அமைந்திருப்பதால் மனித உழைப்பைக் குறைத்து யந்திரங் களின் பயன்பாட்டை அதிகரித்துள்ளார்கள். அங்குள்ள நீரில் உப்பின் அடர்த்தி கூடுதலாக உள்ளதால் பாத்திகளில் உப்பு விளையும் காலம் குறுகியதாய் உள்ளது. இதனால் உப்பு உற்பத்தி அதிகரிக்கிறது.

தற்போது மண்டலமுறை ஒழிக்கப்பட்டுவிட்டதால் குஜராத் உப்பு தமிழ்நாட்டிற்குள் தடையின்றி வருகிறது. இதன் விலை குறைவு என்பதால் தமிழ்நாட்டு உப்பு உற்பத்தியாளர்கள் உப்பின் விலையைக் குறைக்கும் நிலைக்குத் தள்ளப்பட்டு விட்டார்கள். கடல்நீரை நேரடியாகப் பாய்ச்சுகின்றனர். இதனால் உற்பத்திச்செலவு குறைகிறது.

குஜராத் உப்பின் வருகையால் ஏற்படும் பாதிப்புகள் ஒருபுறமிருக்க அம்மாநிலத்திடம் இருந்து நாம் கற்றுக்கொள்ள வேண்டியவையும் உள்ளன.

அம்மாநில அரசு உப்புத்துறைக்கு ஓர் அமைச்சரை நியமித்துள்ளதுடன் ஆண்டுதோறும் உப்புத் தொழில் வளர்ச்சிக் காகக் கோடிக்கணக்கில் பணம் ஒதுக்குகிறது. உப்பளப் பகுதி களில் புதிய சாலைகளை அமைக்கவும் ஏற்கெனவே உள்ள சாலைகளைப் பராமரிக்கவும் இந்நிதியில் ஒரு பகுதியைப் பயன்படுத்துகிறது. ஆனால் உப்பளப் பகுதிகளில் தரமான சாலைகளை அமைப்பதில் தமிழ்நாடு அரசு ஈடுபடுவதில்லை.

அரசு செய்ய வேண்டுவன

- உப்புத்துறைக்குத் தனி அமைச்சகம் ஏற்படுத்தி உப்பளத் தொழிலில் உருவாகும் இடையூறுகளைப் போக்க வேண்டும்.
- சிறு, நடுத்தர உப்பு உற்பத்தியாளர்களுக்குக் கடன் வழங்குதல்
- உப்பளத் தொழிலாளர்களுக்கு ஓய்வூதியம்
- உப்பளத் தொழில்வழி வரும் நோய்களில் இருந்து பாதுகாக்கவும் சிகிச்சையளிக்கவும் அரசு மருத்துவ மனைகளில் தனிப்பிரிவைத் தொடங்குதல்
- பணிக்களத்தில் நல்ல குடிநீர் தாராளமாய் கிடைக்க ஏற்பாடு செய்தல்
- உப்பளத் தொழிலாளர்களின் குழந்தைகள் படிக்க வாய்ப்புகளை உருவாக்குதல்
- ஆயுள் காப்பீடு திட்டத்தை உப்பளத் தொழிலாளர்களுக்குக் கட்டாயமாக்கி அரசும் உப்பள உரிமையாளர்களும் பிரிமியத் தொகையைக் கட்டுதல்

இரண்டாயிரம் ஆண்டுப் பாரம்பரியம் கொண்ட தமிழ் நாட்டின் உப்புத்தொழில் பாதுகாக்கப்பட வேண்டும். இத் தொழில் சார்ந்து பல்லாயிரக்கணக்கான குடும்பங்கள் உள்ளன. தமிழ்ச் சமூகத்தின் கடந்தகால வரலாற்றில் உப்புத்தொழிலில் ஈடுபட்டுவந்த உமணர்களும் உப்புக்குறவர்களும் காணாமல் போனதுபோல் நம்கால உப்புத்தொழிலாளர்களும் சிறிய உப்பளங்களின் உரிமையாளர்களும் காணாமல் போகாமல் தடுத்து நிறுத்த வேண்டிய பணி அரசின்முன் உள்ளது.

7

உப்புத் தொழிலும் தமிழ் நாவலும்

புதிய மாறுதல்களை ஏற்று, இன்று தமிழ்நாட்டில் நிகழும் உப்புத்தொழில் நாவலாசிரியர்களின் கவனத்தை ஈர்த்துள்ளது. உப்புத்தொழிலின் பின்புலத்தில் இத்தொழிலில் ஈடுபடுவோரின் வாழ்வியலைச் சித்தரிக்கும் நாவல்கள் இரண்டு வெளிவந்துள்ளன. முதலாவது நாவல் ராஜம் கிருஷ்ணனாலும் இரண்டாவது நாவல் ஸ்ரீதர கணேசனாலும் எழுதப்பட்டுள்ளது. இவ்விரண்டு நாவல்களுமே தூத்துக்குடியிலும் அதன் சுற்றுவட்டாரங்களிலும் நிகழும் உப்புத்தொழிலையும் அதில் ஈடுபடுவோரின் வாழ்க்கையையும் மையமாகக்கொண்டுள்ளன. இவற்றுள் முதலாவதாக வெளிவந்த நாவல் 'கரிப்புமணிகள்' ஆகும்.

கரிப்புமணிகள்

*1979*ஆம் ஆண்டில் இந்நாவல் வெளியாகியுள்ளது. இந்நாவலை எழுதும்முன் உப்பளங்கள் குறித்து தான் கொண்டிருந்த பார்வை குறித்து ராஜம் கிருஷ்ணன் (*1979:*VI) நாவலின் முன்னுரையில் பின்வருமாறு குறிப்பிட்டுள்ளார்.

> "இதற்குமுன் நான் உப்பளங்களைக் கண்டிருந்திருக்கிறேன். வறட்சியான காற்றும் சூரியனின் வெம்மையும் இசைந்தே உப்புத் தொழிலை வளமாக்குகிறதென்ற உண்மையை உப்புப் பாத்திகளில் கரிப்புமணிகள் கலகலக்கும் விந்தையில் கண்டு வியந்திருக்கிறேன். ஆனால், இந்த வியப்புக்கப்பால் உப்புப் பாத்திகளில் உழைக்கும் தொழிலாளரைப் பற்றி எண்ணும் கருத்து அப்போது எனக்கு இருந்ததில்லை."

இந்நாவலை எழுதுவதற்காக உப்பளங்களைக் காணச் சென்றபோது தான் கண்ட காட்சிகளையும் கண்டறிந்த உண்மைகளையும் நாவலின் முன்னுரையில் (பக் 5–6) அவர் பதிவு செய்துள்ளார். அதில் சில பகுதிகள் வருமாறு:

“உப்புக்காலம் இறுதியை நோக்கிச் சென்று கொண்டிருந்த புரட்டாசிக் கடைசியின் அந்த நாட்களிலேயே, உப்பளத்தின் அந்தப் பொசுக்கும் வெம்மையில் என்னால் பதினைந்து நிமிடங்களுக்கு மேல் நிற்க முடியவில்லை. கண்களுக்கெட்டிய தொலைவுக்குப் பசுமையற்ற – உயிர்ப்பின் வண்ணங்களற்ற வெண்மை பூத்துக் கிடந்தது. வெண்மையாகப் பனி பூத்துக் கிடந்திருக்கும் மலைக் காட்சிகள் எனது நினைவுக்கு வந்தாலும் எரிக்கும் கதிரவனின் வெம்மை அந்த நினைப்பை உடனே அகற்றி விட்டது. அங்கே காலையிலிருந்து மாலை வரையிலும் கந்தலும் கண்பீளையுமாக, உப்புப்பெட்டி சுமந்து அம்பாரம் குவிக்கும் சிறுவர் சிறுமியரையும் பெண்களையும் பாத்திகளில் உப்பின்மேல் நின்று அதை வாரும் ஆண்களையும் கண்டேன். அப்போது எங்கோ ஃபிஜித் தீவினில் கரும்புத் தோட்டத் தொழிலாளர் நிலையை நினைந்துருகித் தன் கண்ணீரையும் பாக்களாக இசைத்த பாரதியின் வரிகள் என்னுள் மின்னின.”

“சுதந்திர இந்தியாவில் மக்கட்குலத்துக்கு இன்றியமையாததோர் பொருளை உற்பத்தி செய்வதற்கு உழைக்கும் மக்கள், உயிர்வாழ இன்றியமையாத நல்ல குடிநீருக்கும் திண்டாடும் நிலையில் தவிப்பதைக் கண்டபோது எனக்கும் குற்ற உணர்வு முள்ளாய்க் குத்தியது. ஒருநாளின் எட்டுமணி நேரத்துக்கு மேல் சுட்டெரிக்கும் வெய்யிலில் பணியெடுக்கும் இம்மக்களுக்கு, வாராந்திர ஞாயிற்றுக் கிழமை ஓய்வுநாளும்கூடக் கூலியுடன் கிடையாது. கிடைக்கும் கூலியோ உணவுப் பண்டங்களும் எரிபொருளும் உச்சியிலேறி விற்கும் இந்த நாட்களில், இம்மக்களின் அடிப்படைத் தேவைகளுக்கே போதுமானதாக இல்லை. எல்லாவற்றையும்விட மிகக் கொடுமையானதும் ஆனால் உண்மையானதுமானது என்னவென்றால், உப்பளத் தொழிலாளி, இருபத்தைந்து ஆண்டுகள் பணியெடுத்திருந்தாலும் தனது வேலைக்கான நிச்சயமற்ற நிலையிலேயே உழன்றுகொண்டிருக்கிறான் என்பதேயாகும். ஒரு சாதாரண குடிமகனுக்கு, ஒரு சுதந்தர நாட்டில் நியாயமாகக் கிடைக்க வேண்டிய எந்த வசதியையும் உப்பளத் தொழிலாளி பெற்றிருக்கவில்லை. வீட்டுவசதி, தொழிற்களத்தில் எரிக்கும் உப்புச் சூட்டிலும்கூடத் தேவையான

குடிநீர்வசதி, மருத்துவ வசதி, ஓய்வுக்கான விடுப்பு நாட்கள், முதுமைக்கால காப்பீட்டுப் பொருள் வசதி, குழந்தைகள் கல்வி, உப்புத்தொழில் இல்லாத நாட்களில் வாழ்க்கைக்கான உபரித் தொழில், ஊதிய வசதிகள் எதுவுமே உப்பளத் தொழிலாளிக்கு இல்லை என்பது இந்த நாட்டில் நாகரிகமடைந்தவராகக் கருதும் ஒவ்வொரு வரும் நினைத்து வெட்கப்பட வேண்டிய உண்மையாக நிலவுகிறது. உப்பளத்து வறட்சி, ஒவ்வொரு தொழிலாளிக்கும் உடல் நலத்துக்கு ஊறு செய்கிறது. கைகால்களில் கொப்புளங்கள் வெடித்து, நீர் வடிந்து புண்ணாகின்றன. கண்களைக் கூசச்செய்யும் வெண்மை, கண் பார்வையை மங்கச் செய்கிறது. பெண்களோ அவர்களுடைய உடலமைப்பு இயல்புக்கேற்ற வேறு பல உடற்கோளாறுகளுக்கு ஆளாகின்றனர்."

ஆசிரியரின் முன்னுரையில் இடம்பெறும் இக்கருத்துக்கள் அவரின் சார்புநிலையைத் தெளிவாகச் சுட்டிக்காட்டி விடுகின்றன. பனஞ்சோலை உப்பளத்தில் வேலை செய்யும் பொன்னாச்சியும் அவள் காதலனும் தொழிற்சங்கவாதியுமான ராமசாமியும் நாவலின் முக்கிய பாத்திரங்கள். மூத்த தலைமுறையைச் சேர்ந்த செங்கமலத்தாச்சியும் அருணாசலமும் நாவலில் முக்கிய பங்கு வகிக்கின்றனர்.

உப்பளத் தொழிலாளர்களின் அவலம் நிறைந்த வாழ்க்கையை மட்டுமின்றி அவர்களிடம் போராட்ட உணர்வு உருவாகி வளர்ந்து நிற்பதையும் ஆசிரியர் பதிவு செய்துள்ளார். உப்பளத் தொழிலாளர்களின் வேலை நிறுத்தத்தை உடைக்க வெளியாட்களை, உப்பள உரிமையாளர்கள் கொண்டுவருவதையும் அதைத் தடுக்க உப்பளத் தொழிலாளர்கள் ஒன்றுதிரள்வதையும் நாவலின் இறுதிப்பகுதி உணர்த்துகிறது. கையில் கம்புடன்,

"ஐயா! எல்லாம் வாரும்! எல்லாம் வாருங்க! பனஞ்சோல அளத்துள ஆளுவளக் கொண்டிட்டு வாரா வளாம்! வாங்க! அளத்துக்காரவுக வாங்க!"

"அளத்துக்காரவுக வாரும்! அக்கிரமத்தத் தட்டிக் கேக்க வாரும்!"

எனக் கூவியவாறு செங்கமலத்தாச்சி தெருவில் ஓட, அதைத் தொடர்ந்து,

"ஏய்? யாருலே? அளத்துல தொழிலாளியளுக்கு எதிரா ஆள கொண்டு வாராகளாம்! வாங்கலே. வந்து தடுப்போம் வாங்க?"

என முதியவர் அருணாசலமும் கூவ,

ஆ. சிவசுப்பிரமணியன்

'பனைமரங்களும், முட்புதர்களும் நிறைந்த பரந்த மணற் காட்டில் அந்தக் கூட்டம் விரைந்து செல்கிறது' என நாவல் முடிவடைகிறது. உப்புத் தொழிலின் நுட்பங்களை நன்றாக உள்வாங்கிய ஆசிரியர், உப்புத் தொழிலாளர்களின் வாழ்க்கை நிலையைச் சித்தரிக்க அதைப் பயன்படுத்திக்கொண்டுள்ளார்.

உப்பளங்களில் தெப்பம் என்ற பெரிய பாத்திகளில் தேக்கும் உப்புநீர், பாத்திகளில் பாய்ந்து உப்பை விளைவித்துவிட்டு, பின் நஞ்சோடை என்ற பெயரில் வெளியேறுவதை முந்திய இயலில் கண்டோம். உப்பளத் தொழிலாளர்களின் அவல நிலையை நஞ்சோடையுடன் ஒப்பிட்டு அவர் கூறும் செய்தி வருமாறு:

"தெப்பத்தில் ஒதுக்கப்பெறும் கடல்நீரைப் போல் அவர்கள் தங்கள் உடலுழைப்பை யாருக்காகவோ குவிக்கின்றனர். கடல்நீர் தனது சாரத்தைப் பாத்திகளில் மணிகளாக ஈந்துவிட்டு நஞ்சோடையாக வெளியேறும்போது யாரோ அதைக் கவனிக்கிறார்கள்! எங்கேனும் தறிகெட்டு ஓடி மணலோடையில் போய்ச்சேரும். அல்லது எங்கேனும் காட்டிலே போய்த் தேங்கி முடியும். அவர்களுடைய உரமும் அடிப்படைத் தேவைகளைத் தீர்த்துக்கொள்ளும் முயற்சியிலேயே பாத்திக் காடுகளிலும் தட்டு மேடுகளி லும் உருகிக் கரைகின்றன. பின்னர் யாருக்கும் எதற்கும் பயன்படாத நஞ்சோடை நீர்போல் ஒதுக்கப்படுகின்றனர்". (பக்கம்: 16)

இதுபோல் உப்புத் தொழிலின் நுட்பங்களின் அடிப்படை யில் பொருத்தமான முறையில் வருணனைகளையும் உவமை களையும் பயன்படுத்தியுள்ளார்.

'உப்பளத்து ஈரங்களை வற்றச்செய்யும் காற்று அந்த மக்களின் செவிகளிலும் சில செய்திகளைப் பரப்புகின்றது'. (பக்கம்: 122)

'... அறிவுக் கண்களனைத்தையும் உப்பு உறிஞ்சி பீளை படரச் செய்துவிடுகிறது'. (பக்கம்: 140)

'உப்பின் வெண்மையைப் பார்த்துக் கூசி வெளிச்சமே இல்லாத உலகுக்குள் அழுந்திவிட்டார்கள்'. (பக்கம்:170)

உப்பு வயல்

1995இல் வெளியான இந்நாவலின் ஆசிரியர் ஸ்ரீதரகணேசன் நம் கால நாவலாசிரியர்களுள் குறிப்பிடத்தக்க ஒருவர். இதுவரை

(2009) நான்கு நாவல்களை எழுதியுள்ள இவரது முதல் நாவலாக இந்நாவல் அமைந்துள்ளது.

தூத்துக்குடி நகருக்குத் தெற்கிலும் வடக்கிலும் உள்ள உப்பளங்களில் பறையர் சமூகத்தினர் குறிப்பிடத்தக்க அளவில் பணியாற்றுகிறார்கள்.

இம்மக்களையும் இவர்கள் மேற்கொள்ளும் உப்புத் தொழிலையும் மையமாகக்கொண்டு எழுதப்பட்ட இந்நாவல் தலித் நாவல் என்ற வகைமைக்குள்ளும் அடங்கும். மற்றொரு பக்கம் இடதுசாரி தொழிற்சங்கச் செயல்பாடுகளை வெளிப் படுத்துவதால் பொதுவுடைமை இயக்கச் சார்பு நாவல் என்று கூறும் தன்மையிலும் அமைந்துள்ளது.

நாவலாசிரியர் தூத்துக்குடியில் பிறந்து அங்கேயே வாழ் பவர் என்பதால் உப்புத் தொழிலையும் அதில் பணிபுரியும் உழைப்பாளிகளின் அவல வாழ்க்கையையும் நன்கு அறிந்தவர். அவரது அனுபவ அறிவு இந்நாவலின் உருவாக்கத்திற்குப் பெரிதும் துணைபுரிந்துள்ளது.

இரண்டு பாகங்களாகப் பகுக்கப்பட்ட இந்நாவலின் மையப்பாத்திரமாக வடுகச்சி என்ற இளம்பெண் அமைகிறாள். அவளது கூற்றாகவே நாவல் அமைந்துள்ளது. அவளது சொந்த அனுபவங்களை மட்டுமன்றி அவளையொத்த உப்பளத் தொழி லாளர் குடும்பங்களின் அவல அனுபவங்களையும் சிக்கலற்ற எளிய நடையில் அவளது கூற்றாக ஆசிரியர் கூறிச்செல்கிறார்.

ஏழு பிள்ளைகளுக்குத் தந்தையான பின்னர், அப்பிள்ளை களையும் பெண்டாட்டியையும் விட்டுவிட்டு, வைப்பாட்டி யுடன் தனிக்குடித்தனம் செய்யும் வடுகச்சியின் தந்தை, பொறுப்பற்ற அண்ணன்கள் என அவளது சொந்த குடும்ப வாழ்வில் தொடங்கி உப்பளத்திற்கு நாவல் நகர்கிறது.

உப்புத் தொழிலின் அனைத்துப் பரிமாணங்களையும் வடுகச்சியின் வாயிலாக நாம் அறியமுடிகிறது. உப்பளத் தொழிலாளர்கள் தம் தொழிற்களத்தில் குடிதண்ணீருக்குப் படும் அவலம்,

> "வேர்வையில் வேர்த்து திரேகம் உப்புநீராய் ஓடும். நிலத்தில்தான் உப்பு வாரவேண்டும் என்பதில்லை. எங்கள் உடம்பிலும் உப்பு திட்டுத் திட்டாக பொரிந்து நிற்கும். நாக்கு தண்ணீர்க்கு ஏங்கும். அளத்து மேட்டில் தண்ணீர் அளவோடுதான் குடிக்க வேண்டும். ஒரு குடம் தண்ணீர், இரண்டு குடம் தண்ணீர் என்று காலை யில் முதல் வேலையாக முள்ளக்காட்டு ஊருக்குள்

போய் கொண்டுவருவார்கள். அடிக்கடி தண்ணீர்க்கு குடத்தைக் கொண்டுபோக முடியாது. கங்காணிமார்கள் கண்டால் திட்டுவார்கள். கெட்ட வார்த்தைகளைச் சொல்லி ஏசுவார்கள். வேலை மெனக்கிட்டுப் போகிறது என்பார்கள். இதற்காகக் காலையில் பிடித்து வைக்கிற தண்ணீர்தான், மத்தியான சாப்பிட்டுக்கும் மிச்சப்படுத்தி வைக்க வேண்டும். நாள் முழுவதும் களைப்பாகவே இருக்கும்."

என்ற வடுகச்சியின் கூற்றாக வெளிப்படுகிறது.

அளத்தில் உப்புப் பாத்திகளை மிதித்தல், பாத்திகளில் படியும் உப்பை வாருதல், வாரிய உப்பைக் கொட்டுதல் என உப்புத் தொழிலின் படிநிலைகளைக் கூறுவதுடன், இவர்களை வேலைவாங்கும் கங்காணிகள் குறித்தும் குறிப்பிடுகிறாள். சின்ன வயதிலேயே கங்காணியான சொள்ளமுத்து என் பவனைப் பற்றிக் குறிப்பிடும்போது கங்காணியாவதற்கான பின்வரும் தகுதிகளை வடுகச்சி பட்டியலிடுகிறாள்.

"மோசமான ஆட்களுக்குத்தானே கங்காணி வேலையே கிடைக்கும்? காட்டிக் கொடுக்கத் தெரிந்திருக்க வேண்டும். சமயம் வந்தால் பெண்களை வசியப்படுத்தத் தெரிந்திருக்க வேண்டும். எத்திப் பிழைக்கத் தெரிந்திருக்க வேண்டும். ஏமாத்தத் தெரிந்திருக்க வேண்டும். இவ்வளவு வேலைகளிலும் சொள்ளமுத்து கைதேர்ந்தவன்."

இதற்கு நேர்மாறாக, காம்ரேட் தாத்தா என்றழைக்கப் படும் சின்ன மாடசாமி தாத்தா விளங்குகிறார்.

வடுகச்சியின் மீது பாலியல் வல்லுறவு நிகழ்த்த முயன் றமை, தொழிற்சங்கம் உருவாதல், வேலை நிறுத்தம், ஊர்வலம், உப்பள முதலாளிகள் – காவல் துறையினர் கூட்டு, போராடும் தொழிலாளர்கள்மீது உப்பள முதலாளிகளின் சார்பில் அடக்கு முறையை மேற்கொள்ளும் காவல்துறை, அடக்குமுறையின் உச்சகட்டமாக நிகழ்த்தப்படும் துப்பாக்கிச்சூடு, அதில் வடுகச்சி யின் தாய் இறந்துபோதல், நடந்த நிகழ்வுகளைத் திசைதிருப் பும் காவல்துறை என அடுக்கடுக்கான நிகழ்வுகள் நாவலில் இடம்பெறுகின்றன. நாவலின் இறுதிப்பகுதி ஆசிரியர் கூற்றாக அமைகிறது.

சாராயத்தின் மீது கொண்டுள்ள மட்டுமீறிய விருப்பம் உப்பளத் தொழிலாளர்களின் வாழ்க்கையை, குறிப்பாக இளைஞர்களைப் பாதிப்பதும் நாவலில் பதிவாகியுள்ளது.

உப்பளத் தொழிலாளர்கள்மீது நிகழ்த்தப்படும் பொருளா தாரச் சுரண்டலும் பாலியல் வன்முறையும் இவற்றிற்கெதிராக

அவர்கள் சங்கம் அமைத்துப் போராடுவதும் இந்நாவல் வெளிப் படுத்தும் முக்கியச் செய்தியாகும்.

அளம்

அளம் என்ற தலைப்பில் க. தமிழ்ச்செல்வி எழுதிய நாவல் 2002ஆம் ஆண்டில் வெளியானது. மேலே குறிப்பிட்ட 'கரிப்பு மணிகள்', 'உப்பு வயல்' நாவல்களைப் போன்று உப்பளத் தொழிலாளர்களின் வாழ்வியலை இந்நாவல் விரிவாக எடுத்துரைக்கவில்லை. என்றாலும் வேதாரண்யம், அகஸ்தியம் பள்ளிப் பகுதிகளின் உப்பளங்களின் பின்புலத்தில் வடி வாம்பாள் என்ற பெண்ணின் துயர வாழ்வை இந்நாவல் சித்தரிக்கிறது.

சங்க இலக்கியங்கள் குறிப்பிடும் கழியுப்பு, இப்பகுதிகளில் இன்றும் சேகரிக்கப்படுவதை இந்நாவல் பின்வருமாறு பதிவுசெய்துள்ளது.

> மேற்கிலும் கிழக்கிலுமிருந்த கம்பெனி அளங்களெல் லாம் சீர்திருத்தம் செய்யப்பட்டிருந்தது. கடல்நீர் ஏகமாய் பாய்ந்துவிடாதபடி பண்டெடுத்துக்கட்டி வேலை செய்து பாத்தி போட்டிருந்தார்கள். ஆனால் கோவில் தாழ்வு அளம் மட்டும் புறம்போக்காய்க் கிடந்தது. பரந்த ஓடை களைப் போல் கண்டிகள் கிடந்தன. கடலில் ஏற்படும் ஆறுமணி நேர வெள்ளத்தின்போது கடல்நீர் மேலேறி கண்டிகள் வழியாய்ப் பொங்கிவந்து அளமெங்கும் அலசும். அடுத்த ஆறு மணி நேர 'வத்தின்'போது பாய்ந்து வந்த தண்ணீரெல்லாம் திரும்பி கடலுக்குள் போய்விடும். அளம் துடைத்து வைத்ததுபோல் சுத்தமாயிருக்கும். ஆனால் கண்டிகளில் மட்டும் கடல்நீர் கிடந்துகொண்டே யிருக்கும். இந்த கண்டிகளில்தான் படுஉப்புப் பட்டுக் கிடந்தது. சித்திரை, வைகாசியில் கடும் வெயிலாயிருக்கும் போது மட்டும்தான் கண்டிகளில் உப்பு படும். ஊர் சனங்களெல்லாம் அவர்களின் வீட்டிற்கு ஒரு வருடத் திற்குத் தேவையான உப்பை இந்த சித்திரை, வைகாசியில் அள்ளி வைத்துக்கொள்வார்கள்.

இவ்வாறு படியும் கழியுப்பை, வடிவாம்பாளும் அவளது தாய் சுந்தராம்பாளும் சேகரிக்கும் காட்சியை,

> "முழங்காலுக்கு மேலேயிருக்கும்படி, கட்டியிருந்த இடுப்புத் துணியை மடித்துச் செருகிக் கொண்டார்கள். சல்லடையையும் ஓலைக் குட்டானையும் எடுத்துக் கொண்டு கண்டிக்குள் இறங்கினார்கள். தண்ணீர் மேலே

கிடந்தது. தண்ணீருக்கு அடியில் தரை தெரியாமல் வெள்ளையாய்ப் பாறைபோல் உப்பு படர்ந்திருந்தது. காலை வைக்கும்போது உப்புப்படலம் உடைந்து கால் உள்ளே போனது. உள்ளேயிருந்த கருஞ்சேறு நீரோடு கலந்து குழம்பியது. குழம்பிய தண்ணீரில் கலந்திருந்த சேறு சுற்றிலும் பரவி வெள்ளை உப்பின் மீது மெதுவாய்ப் படிந்தது."

"சேத்தக் கொளப்பாம நட" என்றாள் சுந்தராம்பாள். மெதுவாய்க் காலை எடுத்து வைத்து நடந்தார்கள்.

"யாம்மா உப்பபோட்டு மிறிச்சிக்கிட்டே போற... இப் புடியே அள்ளுனான்ன?"

"சல்லட முளுந்துற அளவுக்கு தண்ணியுள்ள எடமாப் பாத்து அள்ளுவம். அப்பதான் உப்ப நல்லா அலசி அள்ளலாம்" என்றாள். கணுக்கால் அளவு தண்ணீர் இருந்த இடத்தில் போய் நின்றாள் அஞ்சம்மாள்.

"இப்புடியே நின்னு அள்ளுவமாம்மா?" என்றாள்.

"ஆங்" என்றவள் குட்டானை, அஞ்சம்மாளிடம் கொடுத்து விட்டு சல்லடையைத் தண்ணீரில் போட்டாள். சல்லடை தண்ணீருக்குள்போய் உப்புப்படலத்தின் மேல் உட்கார்ந் தது.

அந்த இடத்தில் உப்பு பாறைபாறையாய்க் கொஞ்சம் கெட்டியாய்பட்டிருந்தது. தடித்திருந்த உப்புப்படலத்தில் ஓரிடத்தில் இரண்டு கையாலும் தட்டி கைகளை உள்ளே விட்டாள். விரித்த இரண்டு கையையும் உப்புப் படலத்தின் அடியில் கொடுத்து தோசைக் கரண்டியால் அடையை எடுப்பதுபோல் எடுத்தாள். படப்பையாய்ப் பெயர்ந்து வந்தது உப்பு. அதன் அடிப்பக்கத்தில் லேசாய் கருஞ் சேறு ஒட்டியிருந்தது. உப்பை ஒரு கையால் ஏந்தியபடி அடிப்பக்கத்தில் ஒட்டியிருந்த சேற்றை அலசினாள். அலசியதை சல்லடையில் போட்டு இரண்டு கையாலும் நொறுக்கி விட்டாள். தண்ணீரைவிட்டு வெளியே எடுத்து விட்டால் நொறுக்க முடியாதென்பதால் தண்ணீருக்குள் வைத்தபடியே நொறுக்கினாள். அதிகமான வெயிலால் உப்பு நன்கு முற்றிப் போயிருந்தது. அழுத்தி நொறுக்கும் போது இரண்டு கையிலும் குத்திக் கிழித்தது. சல்லடை நிறையும் அளவுக்கு இதுபோல் உப்பை எடுத்து நொறுக்கிப் போட்டாள். சல்லடையில் ஓரளவு நிறைந்ததும் அப்படியே தண்ணீரில் சல்லடையை திருப்பித் திருப்பி

> ஆட்டி நன்றாக கழுவினாள். உப்பில் சிறு கருப்புகூட இல்லாதவாறு கழுவியபின்பு சல்லடையைத் தண்ணீரை விட்டு மேலே தூக்கினாள். உப்புடனிருந்த தண்ணீர் சலசலவென்று வடிந்தது.
>
> "குட்டான புடி சின்னங்கச்சி" என்றாள். அதுவரை சுற்றுமுற்றும் வேடிக்கைப் பார்த்துக் கொண்டிருந்த அஞ்சம்மாள் குட்டானை நீட்டினாள். குட்டானுக்குள் கொட்டிவிட்டு மறுபடியும் உப்பள்ளினாள் சுந்தராம்பாள். அவள் அள்ளி அலசிக் கொட்டும்வரை இடுப்பில் குட்டானை வைத்துக்கொண்டு அப்படியே நின்று கொண்டிருந்தாள் அஞ்சம்மாள். இரண்டு மூன்று சல்லடை கொட்டியதும் குட்டான் நிறைந்தது."

என்று ஆசிரியர் வருணிக்கிறார். உப்பளத்தில் 'அளத்துமுனி' என்ற முனி உறைவதாக மக்கள் நம்புவதையும் அதை வணங்கு வதையும்,

> "உப்பளத்தில் அளத்துமுனி இருப்பதாக எல்லோரும் நம்பினார்கள். உப்பளத்தில் வேலை செய்பவர்கள் உப்பள்ளிக் கொண்டு வருபவர்கள் எல்லோரும் அளத்து முனிக்கு வேண்டிக்கொண்டு ஏதாவது செய்வார்கள். அளத்தில் முனிக்கென்று ஒரு திடலும் அதில் இரண்டு மூன்று ஓதிய மரங்களும் இருக்கின்றது. அந்த ஓதியமரத் தில்தான் முனி இருக்கும். உப்பளத்திற்கு வருபவர் போவோர் எல்லோரையும் கண்காணித்துக்கொண்டே இருக்குமாம். கம்பெனிக்காரர்களும் சொந்த அளம் உள்ளவர்களும் முனிக்குத் தேங்காய் உடைத்து பச்சை போட்டு சாமி கும்பிடுவார்கள். முடியாதவர்கள் சூடம் கொளுத்தி விடுவார்கள். இப்படி எதுவும் செய்யாமல் அலட்சியப்படுத்துபவர்களை முனி சும்மாவிடாதாம். வீடுவரை நாய்போல விரட்டிக்கொண்டு வந்து தனக்கு வேண்டியதை வாங்கிக்கொண்டுதான் போகுமாம். அப்படி வரும்போது பின்னால் வந்து காலைக் கவ்வுமாம்."

என்று குறிப்பிடும் ஆசிரியர், சுந்தராம்பாள் முனியிடம் செய்யும் வேண்டுதலை,

> "வயத்துக் கஞ்சிக்கி ஆவுமேன்னுதாங் அள்ளிக்கிட்டுப் போறம். ஒவ்வுப்ப அள்ளிக் கொண்ட போயி கோட்ட கட்ட ஆசப்படல. என்னயும் யாம்புள்ளயயும் ஒண்ணும் பண்ணிப்புடாத. இந்த உப்பெல்லாம் வித்து காசாக்கு னாக்க நாள மறுநா ஒனக்கு ஒரு சூடம் வாங்கிக் கொளுத்தி வுட்டர்றங்" என்று வாய்விட்டு வேண்டிக் கொண்டாள்.

என்று குறிப்பிடுகிறார். அகஸ்தியம்பள்ளியிலுள்ள புறம்போக்கு நிலங்களில் பெரும்பகுதியை வெள்ளாளப் பெரும்புள்ளிகளும் தேவர்களும் கைப்பற்றி அளம் அமைத்ததையும் ஆசிரியர் குறிப்பிட்டுள்ளார்.

'வகுப்பாள்' என்ற பெயரில் உப்புத்தொழிலில் பணிபுரியும் பணியாளர்கள் குறித்து,

> "உடலில் வலுவுள்ள இளவயது ஆண்கள் எல்லோருமே வகுப்பாள் வேலையைத்தான் விரும்பிச் செய்தார்கள். அளத்தில் கால்நோக பாத்தி மிதிப்பது, தண்ணீர் விடுவது, வரப்பு பிடிப்பது, உப்பு வாருவது போன்ற வேலைகளெல் லாம் அவர்களுடைய உடல் வலுவிற்குத் தகுதியில்லாத வேலைபோல் யாரும் இந்த வேலைகளைச் செய்வதில்லை. பெண்களும் வயதானவர்களும் மட்டுமே இது போன்ற தரிசுவேலைகளைச் செய்துவந்தார்கள்."

> "ஒரு வகுப்புக்கு இருபது இருபத்தைந்து பேர் இருப்பார்கள். தட்டிமேட்டில் கொட்டி வைத்திருக்கும் உப்பை இந்த வகுப்பாட்கள்தான் மூட்டை பிடித்து வண்டிகளில் ஏற்றி விடுவார்கள். உப்பு வாங்குபவருக்கும் விற்பவருக் கும் உப்பு இத்தனை மூட்டை என்று இவர்கள்தான் கணக்குக் கொடுப்பார்கள்."

உப்பளத்தில் பணிபுரியும் தொழிலாளர்களின் வாழ்க்கைச் சிக்கல்கள் குறித்து இந்நாவல் விரிவாகக் கூறவில்லையென்றா லும் நாகை மாவட்டத்தின் உப்புத்தொழில் குறித்த இத்தகைய செய்திகளை வாசகனுக்கு வழங்குகிறது.

புதிய நாவலுக்கான களம்

மேற்கூறிய மூன்று நூல்களும் நம் காலத்தில் நிகழும் உப்புத் தொழிலை அடிப்படையாகக்கொண்டு உருவான சமூக நாவல்கள். ஆனால் இதே உப்புத்தொழிலைக் களமாகக் கொண்டு வரலாற்று நாவல் எழுதவும் இடமுள்ளது.

உப்பை பண்டமாற்று செய்து வாழ்ந்து வந்த உப்புக் குறவர்கள் ஆங்கிலக் கிழக்கிந்தியக் கம்பெனியின் ஆட்சிக்குப் பின், தம் பாரம்பரியத் தொழிலை இழந்ததுடன் குற்றப் பரம்பரையினர் பட்டியலுக்குள் சேர்க்கப்பட்டனர் என்பதை முன்னர் கண்டோம்.

காலனிய ஆட்சிக்கு முந்தைய இவர்கள் வாழ்க்கை முறையையும் காலனிய ஆட்சியில் தம் தொழிலை இழந்ததை யும் குற்றப் பரம்பரையினர் என்று முத்திரை குத்தப்பட்டதை

யும் மையமாகக்கொண்டு வரலாற்று நாவல் ஒன்றை உருவாக்க முடியும். அப்படி உருவானால் அது ஓர் உண்மையான வரலாற்று நாவலாக மட்டுமின்றி உண்மையான சமூகநாவலாகவும் விளங்கும்.

அடிக்குறிப்புகள்

பக்கம் 78

1. கடும் வெயிலில் வேலை செய்வோருக்கு ஏற்படும் அதிக வியர்வையின் காரணமாக உப்புச்சத்து வெளியேறி உடலில் நீரிழப்பு ஏற்படும் ஆபத்தும் உண்டு. உப்பிட்டுப் பொங்கிய சோறு இதை ஈடுசெய்து விடுகிறது. உடலுழைப்பில் ஈடுபடாத பிராமண – வேளாள சாதியினர் உப்புப்போட்டு சோறு பொங்குவதில்லை. காலை அல்லது நண்பகலில் சோறு பொங்கி அதனை அன்றிரவே காலி செய்துவிடுவர். எனவே அதனைப் பாதுகாக்கும் பிரச்சனை அவர்களுக்கில்லை. மேலும் கடும் வெயிலில் வியர்வை அதிகம் வெளியேறும் வகையில் உழைத்ததுமில்லை. இதே காரணத்தால்தான் உடலுழைப்பை மேற்கொண்டு வாழும் சாதிகளில் இருந்து உருவான மத்திய தர வர்க்கத்தினரில் பெரும்பாலோர் தற்போது உப்பிட்டுச் சோறு பொங்குவதில்லை.

பக்கம் 83

2. இன்று நாம் பயன்படுத்தும் மிளகாய்க்கு மாறாக மிளகு பண்டையத் தமிழர்களால் பயன்படுத்தப்பட்டது. அததுடன் இது ரோம் நாட்டுக்கும் ஏற்றுமதி செய்யப்பட்டது. போர்த்துக்கீசியர்களும் டச்சுக்காரர்களும்தான் இன்று நாம் பயன்படுத்தும் மிளகாயை, பதினாறு, பதினேழாவது நூற்றாண்டுகளில் தமிழ்நாட்டில் அறிமுகப்படுத்தினர். *CAPSICUM* என்ற தாவரவியல் பெயரைக்கொண்ட மிளகாய், மிளகுக்கு மாற்றாகப் பயன்பட்டதால் மிளகு என்ற சொல்லின் அடிப்படையில் மிளகு+காய் = மிளகாய் என்று பெயர்பெற்றது. மலையாள மொழியிலும் ‘குறுமுளகு’, ‘நல்முளகு’ என்றழைக்கும் மிளகின் பெயராலேயே ‘முளகு’ என்று மிளகாயை அழைக்கின்றனர்.

3. தகவல்: திரு. செல்வராஜ் மிராண்டா, வரலாற்று ஆய்வாளர், தூத்துக்குடி.

பக்கம் 96

4. “பழங்காலத்தில் சம்பளம் கூலமும் உப்புமாகக் கொடுக்கப்பட்டது. கூலத்தில் சிறந்தது நெல்லாதலின் நெல்

வகையில் சிறந்த சம்பாவின் பெயராலும் உப்பின் பெயராலும் சம்பளம் என்னும் பெயர் உண்டாயிற்று. சம்பாவும் அளமும் சேர்ந்தது சம்பளம்... அளம் என்பது உப்பு" (தேவநேயன் 1992:21)

பக்கம் 106

5. தற்போது பெரும்பாலான அளங்களில் நஞ்சோடை நீரை ஆழ்துளைக் குழாய் அல்லது கிணறு அருகில் திருப்பிவிடும் முறை காணப்படுகிறது. இதனால் கிணறுகளில் நீர் ஊறுதல் விரைவாக நிகழ்வதாகக் கூறுகிறார்கள்.

பின்னிணைப்பு 1

விடுகதைகளில் உப்பு

உப்பை மையமாகக்கொண்ட விடுகதைகள் பல தமிழில் உள்ளன. உப்பின் சிறப்பு, உப்பு உற்பத்தியாகும் முறை, உப்பின் இயல்பு ஆகியனவற்றை மையமாகக்கொண்டு இவ்விடுகதைகள் உருவாகியுள்ளன. விருதுநகர் மாவட்டம், சாத்தூர் அருகிலுள்ள சிந்தாப்பள்ளி என்ற கிராமத்தைச் சேர்ந்த 51 வயதான திருமதி. செந்தியம்மாள் என்பவரிடமிருந்து 1991ஆம் ஆண்டு சேகரிக்கப்பட்ட விடுகதைகள் வருமாறு:

காயிருக்கு கனியிருக்கு
கன்னிராசா மகளிருக்கா
இனியராசா இல்லாமலா
இன்றைய முகூர்த்தம் தவறிப்போச்சு

❍

கடுகு வெந்தயம் சீரகம்
கழுகுமலை வாழைக்காய
இளைய கொழுந்தன் இல்லாம
என்ன கறிவைக்க?

❍

ஆழாக்கு வித்தெடுத்து
விதைக்கிறது மில்ல
அரைப்பணத்து அருவா (அருவாள்)
வாங்கி அறுக்குறதுமில்ல
கடசுடர் சொளவு* கொண்டு (*முறம்)
பொடைக்கிறதுமில்ல
காத்துக்கு நேராகத் தூத்தறதுமில்ல

❍

வயலிலே விளஞ்சி கிடக்கு
பிடிச்சி அறுக்கத் தாள்* இல்ல (*வைக்கோல்)

❍

காய் இருக்கு
கனி இருக்கு
கனியராசா மகளும் இருக்கா
இனசுபெக்டர் மக இல்லாம
என்ன கறிவைக்க

○

நீரிலே பிறந்து நீரிலே வளர்ந்து
நீர் என்னைக் கொல்வீரானால்,
ஊரெல்லாம் சென்று அபயமிட்டு
நீரிலே விழுந்து இறந்துபோவேன்

பின்னிணைப்பு 2

உப்பளத் தொழிற்பாடல்கள்

நம் நாட்டின் பாரம்பரியத் தொழிற்களங்களில் நாட்டார் பாடல்களுக்கு முக்கிய இடம் முன்னர் இருந்தது. தொழிற்களங்களில் பாடப்படும் நாட்டார் பாடல்களை உழைப்புப் பாடல்கள் அல்லது தொழிற்பாடல்கள் என்று நாட்டார் வழக்காற்றியலர் பகுப்பர். உப்புத் தொழிலிலும் இத்தகைய தொழிற்பாடல்கள் வழக்கிலிருந்துள்ளன. தற்போது இவை மறைந்து விட்ட நிலையில் பேராசிரியர் நா. வானமாமலை (*1976 : 498 – 500*) யின் தொகுப்பில் இடம் பெற்றுள்ள உப்புத் தொழில் பாடல்களின் சில பகுதிகள் இங்கு இடம் பெற்றுள்ளன.

கருவலம்பூ கட்டை வெட்டி
கைக்கிரண்டு பலகை சேர்த்து
இன்பமான பாத்திக்குள்ளே
தங்க நின்னு வாரானே
சாப்பிட்டுக் கை கழுவி
சமுக்கத் துண்டு கையிலெடுத்து
வாராங்க எச்ச மச்சான்
வரளி மணி உப்பளக்க
இரும்பு இரும்பு திராசிகளாம்
இந்திர மணி தொட்டிகளாம்
சரிபார்த்து திராசி விடும்
தங்க குணம் எங்க மச்சான்
கண்ணாடி கால் ரூவா
காவக் கூலி முக்கால்ரூவா
தூப்புக் கூலி ஒத்தரூவா
துலங்குதையா மச்சாது அளம்

திராசி : உப்பை எடைபோடும் தராசு

மச்சாது : பரதவ சமுகத்தினருக்குப் பதினாறாம் நூற்றாண்டில் போர்ச்சுக்கீசியர் வழங்கிய குடிப் பெயர்களில் ஒன்று. பெயருக்குப்பின் இப்பெயர் இடம்பெறும். மச்சாது என்ற

குடிப் பெயருடையவருக்கு உரிமையான அளம் 'மச்சாது அளம்' என்று குறிப்பிடப் படுகிறது.

உப்பள உரிமையாளர் உப்பளத்திற்கு வரும்போது தங்கு வதற்காகக் கொட்டகை ஒன்று உப்பளத்தில் இருக்கும்.

நல்ல சட்டையணிந்து பெருமிதத்துடன் வெளியில் உலவும் இளைஞர்கள் உப்பளத்தில் வேலைக்கு வந்தால் உப்புப் பெட்டியைச் சுமந்தாக வேண்டும்.

இச்செய்திகளைப் பின்வரும் உப்பளப் பாடல்கள் குறிப்பிடுகின்றன.

வட்டடோ உடையான் சிங்காரமாம்
வரிஞ்சு கட்டும் உப்பளமாம்
சாமிமார் வாரா வண்ணு
தனிச்சு அடிங்க கொட்டகைய

சட்டை மேல் சட்டை போட்டு
சரிகைச் சட்டை மேலே போட்டு
எந்தச் சட்டை போட்டாலும்
எடுக்கணுமே உப்புப் பெட்டி

●

பின்னிணைப்பு 3

உப்பு அறப்போர் பாடல்கள்

கடவுளால் சிருஷ்டிக்கப்பட்ட கடலுப்புக்குத் தீர்வையா?
கடற்கரைக்குச் சென்றிருந்தார் உப்பை அள்ள
கவர்ன்மெண்டார் சட்டத்தை மெதுவாகத் தள்ள
ஆயிரத்து துளாயிரத்து அறுமுப்பதாம் வருஷத்திலே
தூயமார்ச்சு பனிரெண்டிலே தொண்டர்படை மத்தியிலே
ஆரம்பித்தார் சாத்வீகப்போர் அன்று தொட்டு
அலைகடல் சூழ் புவிக்காக வெகுபாடுபட்டு

O

சபர்மதி ஆசிரமம் விட்டு சந்தோஷமாய்ப் புறப்பட்டு
அமர்ந்து பலகிராமந்தொட்டு அன்பாய் டாண்டி
                                    சென்றுவிட்டு
அரியாபெரும் உப்பை ஏப்ரல் ஆறினிலே
ஆனந்தமாய் எடுத்தார் காந்தி நேரினிலே

O

அன்று பல நகரத்திலே அரிய உப்பை எடுத்ததிலே
சென்று போலீஸ் பிடித்ததிலே சிறைக்குச் செல்ல
                                    துணிந்ததிலே
கண்ணான தொண்டர் பலர் கைதியானார்
கலங்கா யிளம் வேங்கையைப் போல் நேரில் போனார்.

(1930இல் வெளியான 'உப்பு சத்தியாக்கிரகப் பாட்டு'
குறுநூலிலிருந்து சில பகுதிகள்)

O

ஆ. சிவசுப்பிரமணியன்

முத்துவேல்பிள்ளை என்பவர், நாடக மேடைகளில் பாடிய பாடல்களில் உப்பு அறப்போர் குறித்த செய்திகள் இவ்வாறு இடம்பெற்றன.

நஞ்சை புஞ்சைக்கும் வரி
நாய் ஆடு மாட்டுக்கும் வரி
கஞ்சி குடிக்கப் போடும் கடல் தரும் உப்புக்கும் வரி

விரிகடல் நீருக்கு வரி கொடுத்தால் – நாளை
வெயில் மழை காற்றுக்கும் வரி விதிப்பார்!
ஆதலால் உப்புவரி மறப்போம் – காந்தி
அகிம்சா தருமத்தை ஆதரிப்போம்.

(தேவராஜ் 2005 : 83)

பின்னிணைப்பு 4

தெய்வீகப் போராட்டம் [1930]

ராஜாஜி எழுதியவை

சுதந்திரச் சங்கு என்ற இதழில் வேதாரண்யம் உப்பு அறப்போர் தொடர்பாக ராஜாஜி விடுத்த அறிக்கைகளும் ஆற்றிய உரைகளும் வெளிவந்துள்ளன. அவற்றைக் *குமரி மலர்* (மலர் 27, இதழ் 2, மே 1970 பக் : 9–19) இதழ் தொகுத்து வெளி யிட்டுள்ளது. அப்பகுதிகள் இங்கு தரப்பட்டுள்ளன.

பணம் உதவ வேண்டுகோள்

சட்ட மறுப்பு இயக்கத்தில் உடனே சேர்ந்துகொள்ள முடியாமல் இருப்பவர்களில், சட்ட மறுப்பு இயக்கத்தில் சேர்ந்து கஷ்டங்களை அனுபவிக்கவும் தியாகம் செய்வதற்கும் தயாராக இருக்கின்றவர்கள், அனுதாபத்துக்கும் உதவிக்கும் தகுந்தவர்கள் என்று யார் யார் நினைக்கிறார்களோ அவர் களுக்கே நான் இந்த வேண்டுகோளை வெளியிட்டிருக்கிறேன். அவர்கள் தங்கள் அனுதாபத்தையும் உதவியையும் பண உதவி செய்வதன் மூலமாக விளக்குவார்களாக.

அநியாயத்தை எதிர்ப்பதற்கு ஆரம்பிக்கப்பட்டிருக்கும் இந்தப் பெரிய தர்ம யுத்தத்தில், நாட்டிலுள்ள அனைவரும் சேர்ந்துகொள்ளுவதற்கு இடமிருக்கிறது. சட்ட மறுப்புப் போரின் அறிகுறிகள் நன்றாக இருக்கின்றன.

நாம் விரும்பும் சுதந்திரம் நமது கண்ணுக்குத் தெரியக் கூடிய தூரத்தில் இருக்கிறதென்றும் நமக்குச் சீக்கிரத்தில் வெற்றியேற்படுமென்றும் இந்த அன்னிய ஆட்சியை உதறி எறியக் கடவுள் நமக்குத் துணைபுரிவார் என்றும் நம்புகிறேன்.

தமிழ்நாட்டிலுள்ள இளைஞர்கள் இந்தப் போரில் சேர்ந்து கொள்ளுவதற்கு மிகுந்த ஆவலுள்ளவர்களாக இருக்கின்றனர். அவர்கள் கோபத்தோடோ அல்லது உற்சாகத்தோடோ இந்த இயக்கத்தில் இறங்குவதில் பிரயோஜனமில்லை. எல்லாவித

மான கஷ்டங்களையும் ஏற்று அஹிம்சையுடனும் அனுபவிக்கும் உறுதியோடும் அவர்கள் இந்த இயக்கத்தில் சேர்ந்துகொள்ள வேண்டும்.

எனது நிலைமையைப் பற்றியும் தமிழ்நாடு காங்கிரஸ் கமிட்டியார் இப்பொழுது என்னிடத்தில் ஒப்புவித்திருக்கும் வேலைகளைச் செய்வதில் ஏற்படக்கூடிய கஷ்டங்களைப் பற்றியும் அறிந்தே, நான் எல்லோரையும் உதவி செய்யும்படியாகவும் என்னிடத்தில் ஒப்படைக்கப்பட்டிருக்கும் வேலையின் கஷ்டத்தைக் குறைக்கும்படியாகவும் கேட்டுக்கொள்ளுகிறேன்.

தேசீய வேலைகளைச் செய்வதற்காக நாம் பலவிதமான வரிகளைப் பொதுஜனங்களுக்கு விதித்து வருகிறோம். தேசத்தி லுள்ள ஜனங்கள் தேசீய விரோதிகளின் தூண்டுதல்களுக்கு இணங்காமல் நமக்குத் தாராளமாகப் பொருளுதவி செய்து நமது இயக்கத்திற்கு உதவி செய்திருக்கிறார்கள்.

திடீரென்று நமக்கு நன்கு அறிவிக்கப்படாமலே இப் பொழுது சட்டமறுப்பு இயக்கம் ஆரம்பிக்கப்பட்டிருக்கிறது. நண்பர்கள் தங்களது கஷ்டங்களையும் சந்தேகங்களையும் அபிப்பிராய பேதங்களையும் பொருட்படுத்தாமல் தங்கள் பையை அவிழ்த்து இவ்வியக்கத்திற்குத் தாராளமாகப் பொரு ளுதவி செய்யும்படி நான் மறுபடியும் கேட்டுக்கொள்கிறேன்.

சட்ட மறுப்பு இயக்கத்தின் நோக்கம் பரிசுத்தமானதாக இருப்பதோடு அது எல்லோருக்கும் பொதுவானதாகவும் இருக்கிறது. ஊக்கமுள்ள இளைஞர்கள் போருக்குச் செல்வதற் காக ஆவலுடன் கூடும்பொழுது அவர்களைத் தலைமை வகித்து நடத்துவது நமது கடமையாகும். அவர்கள் தீவிரமாகப் போரை நடத்துவதற்கு எல்லோரும் பொருளுதவி செய்ய வேண்டுமென்று நான் கேட்டுக்கொள்கிறேன். இந்த நிதிக்குப் பணம் அனுப்பு கின்றவர்கள்,

1) ஸ்ரீ எ. வைத்தினாதய்யர், மேற்கு சந்தப்பேட்டை, மதுரை.

2) டாக்டர் டி.எஸ்.எஸ். ராஜன், திருச்சினாப்பள்ளி.

3) ஸ்ரீ கே. பாஷ்யம், லஸ், மயிலாப்பூர்.

என்ற விலாசங்களுக்கு அனுப்புவதோடு, அதைப்பற்றி எனக்குத் தகவல் கொடுக்கத் திருச்செங்கோடு, காந்தி ஆசிரமத்திற்கும் கடிதம் எழுதும்படி கேட்டுக்கொள்கிறேன்.

சுதந்திரச் சங்கு
22–3–1930

உப்பிட்டவரை . . .

உதவி செய்க!

மகாத்மாஜியைச் சிறைப்படுத்தவா வேண்டாமா என்று அரசாங்கத்தார் இன்னும் யோசித்துக்கொண்டிருக்கிறார்கள். இந்த அவகாசத்தை நாம் செவ்வனே பயன்படுத்திக்கொள்வது கடமையாகும். சீக்கிரத்தில் அதாவது ஏப்பிரல் மாதம் 5ந் தேதி தலைவர் கடற்கரை சேருவார். மறுநாள் உப்புச் சட்டத்தை மீறுவார். தேசத்தில் அனைவரும் சாத்துவிகப் போரில் சேருமாறு கட்டளையுமிடுவார்.

தமிழ்நாட்டிலும் ஏராளமான வீரர்கள் போரில் சேர ஆயத்தமாயிருக்கிறார்கள். அவர்களைத் திரட்டிப் போருக்கு வேண்டிய சவுகரியங்கள் செய்துகொடுப்பது மகா ஜனங்களின் கடமையாகும். இதற்காக உடனே சத்தியாக்கிரகச் சாவடிகள் ஆங்காங்கு அமைக்க வேண்டும். போர்முனையில் வேண்டிய சகல சவுகரியங்களும் தயார் செய்துகொள்ள வேண்டும்.

சிறை செல்லும் தொண்டர்களின் குடும்பத்தைக் காப்பாற்றும் கடமையை நாம் எடுத்துக் கொள்ளாவிடினும் போரைச் சரியாய் நடத்தப் பணம் வேண்டும். பணம் திரட்டுவதற்காக இப்போது சுற்றித் திரிய முடியாது. ஆகையால் தேச பக்தர்கள் அனைவரும் தாங்களாகவே ஆங்காங்கு முயற்சி எடுத்து, நண்பர்களைத் தூண்டி அடியிற் கண்ட விலாசத்திற்கு நன்கொடைகளை அனுப்பக் கோருகிறேன்.

தேசத்தில் நடைபெறும் போரில் நாம் வெற்றியடைந்தால் எக்கட்சியினருக்கும் நன்மையே. நஷ்டம் இல்லை என்பது உறுதி. எக்காரணத்தினாலாவது தோல்வியடைந்தால் அனைவருக்கும் தீங்கேயாகும். மனதில் உறுதியும் செயலில் ஆண்மையும் கொண்டு போரில் இறங்கும் தியாகிகளுக்கு இச்சமயம் உதவிபுரிவது அனைவருடைய கடமையுமாகும். தமிழரின் நல்ல புகழைக் காப்பாற்ற அனைவரும் உடனே முன்வர வேண்டும்.

உப்புச் சட்டத்தை மீறி ஒரு பெரிய அநியாயத்தை ஒழிப்பதற்காகவும் ஆங்கில ஆட்சியின் சக்தியை எதிர்த்து அடிமை மாயத்தைத் தீர்த்துக்கொள்வதற்காகவும் இந்தச் சட்டமறுப்பு இயக்கத்தை மகாத்மா ஆரம்பித்திருக்கிறார்.

உப்புச் சட்டத்தை எதிர்க்க, தென்னாட்டில் எவ்விடத்தில் போர் தொடங்கலாம் என்பதை நிச்சயித்திருக்கிறோம். போர் தொடங்கியபின் காரியங்கள் எவ்விதம் நடைபெறுகிறது என்பதைப் பார்த்து பின்னால் இடம், முறை முதலியவைகளை அவ்வப்போது மாற்றி நடத்தலாம். ஒற்றுமை, கட்டுப்பாடு,

தைரியம், ஊக்கம், முயற்சி, வீரம் இவைகள் இருக்கும்வரை வெற்றியைப் பற்றி ஐயமில்லை.

ஏப்பிரல் மாதம் தேசீய வாரத்தில் போருக்கு வேண்டிய திரவியமும் ஆளும் சேர்க்க தீவிர முயற்சி எடுக்கவேண்டும். எல்லா ஊர்களிலும் தலைவர்கள் இந்த வேலையைக் கவனிக்குமாறு தாழ்மையுடன் கேட்டுக்கொள்கிறேன். தொகைகளை அடியில் கண்ட விலாசங்களில் எதற்காவது அனுப்பலாம். ஏப்பிரல் மாதம் 13ந் தேதிக்குள் எவ்வளவு சேர்க்க முடியுமோ அவ்வளவு சேர்த்து அனுப்புமாறு கேட்டுக்கொள்கிறேன்.

டாக்டர் ராஜன், திருச்சினாப்பள்ளி.

ஏ. வைத்தியனாதய்யர், சந்தைப்பேட்டை, மதுரை.

K. பாஷ்யம், மைலாப்பூர், சென்னை.

திரு.வி. கல்யாண சுந்திர முதலியார், நவசக்தி, இராயப்பேட்டை, சென்னை.

தமிழ்நாட்டின் சரித்திரத்தில் இது ஒரு மகத்தான சோதனைக் காலமாகும். கடவுள் துணை செய்க.

சுதந்திரச் சங்கு

29–3–1930

தமிழ்நாட்டு சத்தியாக்கிரகப் போர்

சகோதரர்களே!

தாய்நாட்டின் மானத்தைக் காக்க வேண்டும் என்னும் விருப்பமுள்ளவர்கள் எல்லாரையும் இந்தப் பெரிய இயக்கத்துக்குப் பொருளுதவி செய்யும்படி கேட்டுக்கொள்கிறேன். இந்தப் போரினால் தேச மக்கள் எவருக்கும் நஷ்டமுண்டாகாது; எல்லாருக்கும் லாபமே உண்டு.

அரசியலில் நீங்கள் எந்த முறையைப் பின்பற்றிய போதிலும் இந்தத் தரும யுத்தத்தினால் உங்கள் வேலை எளிதாவதையும் புதிய பலம் உங்களுக்கு ஏற்படுவதையும் காண்பீர்கள்.

நாங்கள் எடுத்திருக்கும் முறையை நீங்கள் ஒத்துக் கொள்ளாவிட்டாலும் எங்களுக்கு உதவி செய்தால் உங்களுக்கு லாபம் உண்டு. தேசத்தின் பெயரால் ஜனங்கள் செய்யும் தியாகம் வீண் போகாது. இப்போரில் தியாகிகள் காட்டும் தைரியத்தினால் பொதுவாக தேசமே புதிய பலம் பெறும். எல்லா இயக்கங்களும் முன்னேற்றமடையும். நீங்கள் விரும்பும் இலட்சியம் கிட்ட நெருங்கும்.

ஆகையால் உடனே உதவி செய்யுங்கள். தமிழ் வருஷப் பிறப்பு தினமாகிய ஏப்பிரல் 13ந் தேதியன்று தமிழ் சத்தியாக்கிரகி களின் முதற் படை சட்ட மறுப்புச் செய்வதற்காகப் புறப்படும்.

போர்க்களத்தில் அவசியமான விடுதிகள் அமைப்பதற்கும் மற்ற செலவுகளுக்கும் பணம் வேண்டும். இதற்கு நீங்கள் உதவும் பணம் தேசத்தின் புனருத்தாரணத்திற்கு உதவுவதாகும். இதைவிடச் சிறந்த வழியில் உங்கள் பணத்தைச் செலவிட முடியாது.

இந்தப் போராட்டத்தில் உலகெங்கும் பாரத நாட்டுக்குக் கௌரவம் ஏற்படப்போகிறது. இந்தக் கௌரவத்தில் நீங்களும் பங்கெடுத்துக்கொள்ளுங்கள்.

ஆங்காங்குள்ள செல்வாக்குள்ள நண்பர்கள் இவ்வியக்கத் தில் அனுதாபமுள்ளவர்களையெல்லாம் சென்று பார்த்து பொருளுதவி திரட்டுவார்கள் என்று எதிர்பார்க்கிறேன்.

சட்ட மறுப்புத் தொண்டர்களுக்கு

தமிழ்நாட்டில் சத்தியாக்கிரகப் படைக்குத் தொண்டர்கள் விரைவாகச் சேர்ந்து வருகிறார்கள். கூடிய விரைவில் போர் தொடங்கிவிட வேண்டுமென்று காந்தியடிகள் கடைசியாகத் தெரிவித்திருக்கிறபடியால், பல ஜில்லாக்களின் வழியாகத் தொண்டர் படையைக் கால்நடையாக அழைத்துச் செல்லும் யோசனை கைவிடப்பட்டது. உப்புவரிப் போர் தஞ்சாவூர் ஜில்லாவில் நடை பெறப்போவதை முன்னிட்டு அந்த ஜில்லா வில் மட்டும் தொண்டர் படை கால்நடையாகப் பிரயாணம் செய்வதென்று தீர்மானித்திருக்கிறோம்.

ஐம்பது தொண்டர்கள் அடங்கிய சத்தியாக்கிரக முதல் படை, தமிழ் வருஷப்பிறப்பு தினமாகிய ஏப்பிரல் 13ந் தேதி (ஜாலியன்வாலாபாக் நாளன்று) திருச்சினாப்பள்ளியிலிருந்து வேதாரண்யத்துக்குப் புறப்படும். தொண்டர்கள் காலையில் ஐந்து மைலும் மாலையில் ஐந்து மைலும் நடந்து சராசரி தினம் பத்து மைல் பிரயாணம் செய்வார்கள். வழியில் தஞ்சாவூர், கும்பகோணம், மன்னார்குடி, திருத்துறைப்பூண்டி முதலிய பட்டணங்களிலும் மற்றும் கிராமங்களிலும் தங்கிச் செல்வார்கள்.

முதற் படைக்கு எடுக்கப்பட்ட தொண்டர்களுக்கு நேரா கவோ உள்ளூர் தலைவர்கள் மூலமாகவோ தெரிவிக்கப்படும். அவர்கள் 12ந் தேதி சாயங்காலமே திருச்சினாப்பள்ளிக்கு வந்து சேரவேண்டும். 13ந் தேதி அதிகாலையில் பிரயாணம் ஆரம்பமாகிவிடும்.

தொண்டர்கள் பிரயாணத்தின்போது கிராம சுகாதாரத்துக் குரிய வேலை செய்துகொண்டு போவார்கள். வழியிலுள்ள கிராமங்களைப் பெருக்கிச் சுத்தம் செய்ய உத்தேசித்திருக்கிறோம். கிராமவாசிகள் தொண்டர்களுக்கு உணவு முதலிய வசதிகள் அளிப்பதற்குப் பதிலாக இந்தத் தொண்டு நாம் செய்யவேண்டும்.

தொண்டர் ஒவ்வொருவரும் தத்தம் உபயோகத்திற்கு வேண்டிய சாமான்களும் கொண்டுவர வேண்டும். ஆனால் அவரவர்கள் சுலபமாய்த் தூக்கிச் செல்லக்கூடிய மூட்டையா யிருக்கவேண்டும். படுப்பதற்கும் மாற்றி உடுத்திக்கொள்வதற்கும் சில வேஷ்டிகள், தண்ணீருக்குச் சிறு செம்பு ஒன்று இவையே போதும். அவரவர் சாதாரணமாய் அணிந்துகொள்ளும் உடையே இப்பிரயாணத்திலும் அணிந்துகொள்ளலாம். தனி உடை வேண்டியதில்லை.

உறுதிமொழியில் கையெழுத்திட்டிருக்கும் மற்ற தொண்டர் கள் எல்லாரும் எந்த நிமிஷமும் கிளம்புவதற்குச் சித்தமாயிருக்க வேண்டும். ஆனால் தகவல் கிடைக்கும்வரையில் அவர்கள் புறப்படக் கூடாது.

போரில் சேர விரும்பும் மற்றையோர் உடனே தங்கள் பெயரைப் பதிவு செய்துகொள்ள வேண்டும். அஹிம்சா தர்மத் தில் நம்பிக்கையுடன், எவ்வளவு துன்பங்கள் நேர்ந்தாலும் சகித்துக்கொண்டு கடைசிவரை தைரியமாய் நிற்க உறுதி கொண்டவர்களே போரில் சேரவேண்டும்.

சுதந்திரச் சங்கு
2-4-1930

தொண்டர்கள் கவனிக்க வேண்டிய விஷயங்கள்

1. தத்தமக்கு இன்றியமையாத ஆடை முதலியன தாமே கொண்டுவர வேண்டும்.
2. தத்தம் சாமான்களைத் தாங்களே தூக்கிச் செல்ல வேண்டும்.
3. ஒரு சிறு செம்பு அல்லது வேறு சிறு பாத்திரம் கொண்டு வர வேண்டும்.
4. பாதரட்சை அணிந்து வருவது நலம்.
5. அதிகாலையிலேயே துயிலெழுந்து ஐந்து மணிக்குள் நித்திய கடன்களை முடித்துவிட்டுப் பிரயாணத்திற்குத் தயாராக இருக்க வேண்டும்.
6. காலையில் ஐந்து மைலும் (5 மணி முதல் 7 மணி வரையிலும்) மாலையில் ஐந்து மைலும் (5 மணி

முதல் 7 மணிவரை) ஆகத் தினசரி பத்து மைல் வீதம் பிரயாணம் செய்யப்படும்.

7. காலையில் புறப்படுவதற்குமுன் பால், பழம், மோர் எது கிடைக்குமோ அதுதான் கொடுக்கப்படும். காலை போஜனம், பிரயாணம் முடிந்தபின் 9 மணிக்கும் மாலை போஜனம் புறப்படுவதற்கு முன் 4.30 மணிக்கும் அளிக்கப்படும். இரவு உணவு கிடையாது.

8. தொண்டர்கள் மகாத்மா காந்தியின் உபதேசங்களைப் பின்பற்றி நடக்க வேண்டும்.

சுதந்திரச் சங்கு

9–4–1930

சுதந்திரச் சங்கு ஊதுக!

(தூத்துக்குடி தாலுகா மகாநாட்டில் சக்கரவர்த்தி ராஜாஜியின் பிரசங்கச் சுருக்கம்)

உப்புச் சட்டம் பிரிட்டிஷார் இழைத்துள்ள பெரிய அதிக்கிரமங்களில் ஒன்றாகும். உப்பு வாழ்வுக்கு ஜீவாதாரமானது. கால்நடை, விவசாயம், சிறுதொழில்கள் முதலியவற்றிற்கும் உப்பு தேவையாயிருக்கிறது. இயற்கை அன்னை கிருபையுடன் தந்துள்ள உப்பை நமது நாட்டிற்கு ஆதியில் சுரண்டவந்த ஈஸ்டு இந்தியா கம்பெனியார் தங்களுடைய ஏகதேச சொத்தாகப் பாவிக்கலானார்கள். இன்றைக்கும் அதே மாதிரி நடந்து வருகிறது. அரைப் பட்டினி கிடக்கிற ஜனங்கள் ஒன்றுக்குப் பல மடங்கு கொடுத்து உப்பு வாங்க வேண்டியிருக்கிறது. உற்பத்திச் செலவு, போக்குவரத்துச் செலவு இவை அதிகமாகி விட்டது. இயற்கைக்கு விரோதமான நிர்ப்பந்தங்களை ஏற்படுத்துவதில் வீணாகப் பணம் விரயம் செய்யப்படுகிறது.

6,700 பிரிட்டிஷ் உத்தியோகஸ்தர்களையும் 60 ஆயிரம் பிரிட்டிஷ் சோல்ஜர்களையும் கவர்ன்மெண்டார் ஸம்ரட்சித்தாக வேண்டுமாம். ஏனென்றால் 30 கோடி சுதேசிகளை அடக்கி வைக்க அது அவசியமெனப்படுகிறது. ஐரோப்பாவில் சிவில் உத்தியோகஸ்தர்களுக்குப் பெருந்தொகை கொடுத்து அவர்களுடைய சிரமத்தை நிவர்த்திக்க வேண்டியிருக்கிறது.

சீமையிலுள்ள தங்கள் குடும்பத்தாருக்கு அவர்கள் பணம் அனுப்ப வேண்டியிருக்கிறது. கவர்ன்மெண்டில் வேலை பார்க்கும் இந்திய உத்தியோகஸ்தர்களுக்கும் ஐரோப்பியரைப் போல் சம்பளம் கொடுத்தாக வேண்டியிருக்கிறது. 7 கோடி உப்பு வரிக்கும் 25 கோடி கள்ளு வரிக்கும் வித்தியாசமில்லை. இரண்டையும் கவர்ன்மெண்டார் விட மனமில்லாதவர்களா

யிருக்கிறார்கள். மணங்குக்கு ஒன்றே கால் ரூபாயிலிருந்து ஒரு ரூபாயாக உப்பு வரியைக் குறைக்க இந்திய சட்டசபை முயன்றது. ஆனால் ராஜப் பிரதிநிதி தமது விசேஷ அதிகாரத் தைப் பிரயோகித்து இந்தியப் பார்லிமெண்டின் பேடித் தன்மையை வெளிப்படுத்தினார்.

உப்பு சத்தியாக்கிரகம் சுயராஜ்யம் அடைவதற்கான ஒரு மார்க்கம். பூரண சுயேச்சைக்குக் குறைந்த எதுவும் இந்தியா வுக்கு வேண்டியதில்லையென்று ஜனவரி 6–ந் தேதி தெரிவித்தாகி விட்டது. தற்போதைய ஆட்சி முறையால் நமது கௌரவம் குறைவதோடு, தரித்திரத்திற்கும் ஜனங்கள் ஆளாகிக்கிடக் கிறார்கள். உப்பு சத்தியாக்கிரகத்தில் நாம் ஜெயித்துவிட்டால் சுயராஜ்யப் போராட்டத்தில் ஒரு முக்கியமான வெற்றி நமக்கு ஏற்பட்டதாகும்.

எத்தனை நாள் இந்தப் போராட்டம் இழுத்துக் கொண் டிருந்தாலும் சரி, நாம் பின்வாங்குவதற்கில்லை. நமக்கு உறுதி யும் தைரியமும் வேண்டும். நமக்குத் தைரியமில்லாவிடில் நாம் வாலிபர்களாய் இருந்து என்ன பிரயோஜனம். தூத்துக்குடி வாலிபர்கள் வீரர்களைப்போல் முன்வர வேண்டும். போருக்குப் போவது மட்டும் வீரத்தனமல்ல. நமது சுகானுபவங்களை விட்டொழித்து சத்தியாக்கிரகங்களுக்கு உதவி செய்வதும் வீரத்தனந்தான். பின்னாலிருந்துகொண்டு உதவிபுரிவோரே வெற்றிக்கு வெகுதூரம் காரணமாயிருப்பவர்கள். ஜாதித் துவேஷம், அற்பச் சண்டைகள் முதலியவை இத்தகைய சமயங் களில் தலைகாட்டக் கூடாது.

தம் மதத்தையும் தம் கௌரவத்தையும் காப்பாற்ற தேசம் தீர்மானித்துவிட்டது. இப்படிப்பட்ட நிலைமையில் கள்ளுக் கடைகளுக்கு இடமேது? ஒவ்வொரு குடிகாரரும் இனிக் குடியைவிட்டு நாட்டுக்கு உழைக்க வேண்டும். கடைக்காரர் களும் இந்தப் பொல்லாத வியாபாரத்தை விட்டுத் தலைமுழுக வேண்டும். தீண்டாமையென்ற காருண்யமற்ற அசட்டு முறைக்கு இனி இடமில்லை. மதம், சம்பிரதாயம் என்ற பெயரைச் சொல்லிக்கொண்டு நாம் பாபம் செய்ய வேண்டாம். நம் பசியைத் தீர்க்க வகையில்லாவிட்டாலும் இந்த குடி, தீண்டாமையையாவது நாம் கட்டாயம் நிறுத்தலாம். மொத்தத் தில் ஒரு தெய்வீகப் போராட்டம் ஆரம்பித்துவிட்டது. சுதந்திரச் சங்கு ஊதுக. அன்பும் தியாகமும் வளர்க.

சுதந்திரச் சங்கு
9–4–1930

●

பின்னிணைப்பு 5

உப்புத் தொழில் கலைச்சொற்கள்

(தூத்துக்குடி வட்டாரம்)

அட்டு : ஜிப்சம் என்றும் குறிப்பிடப்படும். உப்புப் பாத்தியில் உறைந்து காணப் படும் கால்சியம் சல்பேட்.

அரவை உப்பு : நன்றாகக் காயவைக்கப்பட்டு பின் எந்திரத்தால் மாவாக்கப்பட்ட உப்பு (டேபிள் சால்ட்).

ஆண்பாத்தி : அடர்த்தி குறைந்த உப்புநீரைச் சிறிது நாட்கள் தேக்கிவைக்கும் பாத்தி. தற்போது இது பெரும்பாலும் நடை முறையில் இல்லை. இதற்கு மாற்றாக 'தெப்பம்' என்பதுள்ளது.

இளம்தண்ணீ(ர்) : கிணறு அல்லது ஆழ்துளைக் குழாயி லிருந்து எடுக்கப்பட்டு தெப்பத்தில் தேக்கி வைக்கப்படும் அடர்த்தி குறைந்த உப்புநீர்.

உப்புப்பெட்டி : பாத்திகளில் விளைந்த உப்பை தட்டுமேட்டிற்குச் சுமந்து செல்லப் பயன்படும் பனைநார்ப் பெட்டி.

கங்காணி : கண்காணி என்ற சொல்லின் திரிபு. உப்பளத் தொழிலாளிகளின் பணியை மேற்பார்வை இடும் பணியைச் செய்பவர்.

கடுந்தண்ணீர் : உப்பின் அடர்த்திகூடிய தண்ணீர். இதுவே பெண் பாத்திகளுக்குப் பாய்ச்சப்படும்.

கம்பெனி அளம்	:	பெரிய நிறுவனங்களால் அல்லது தனிமனிதர்களால் நிர்வகிக்கப் படும் அதிக அளவு பரப்பளவைக் கொண்ட உப்பளம்.
செய்நேர்த்தி	:	ஆண்டுக்கு ஒருமுறை (பெரும் பாலும் தை மாதம்) உப்பளங்களை மராமரத்து செய்யும் பணி. இப் பணியின் போதுதான் 'அட்டு' எடுக்கப்படும்.
தட்டுமேடு	:	பாத்திகளில் இருந்து எடுக்கப்பட்ட உப்பைக் குவித்து வைக்கும் மேடான பகுதி.
தன்பாடு அளம்	:	சிறு அளவிலான உப்பளம்.
தூள் உப்பு	:	பார்க்க: அரவை உப்பு.
தெப்பம்	:	ஆண்பாத்திகளுக்கு மாற்றாக உரு வானது. இதில் நிலத்தடியிலிருந்து எடுக்கப்பட்ட உப்புநீர் முதலில் தேக்கிவைக்கப்படும்.
நஞ்சோடை	:	ஆண்பாத்தியில் உப்பு விளைந்த பின் அப்பாத்தியில் இருந்து வடிய விடப்பட்ட நச்சுத்தன்மை கொண்ட நீர் ஓடும் ஓடை.
நச்சுவாய்க்கால்	:	பார்க்க: நஞ்சோடை.
பெண்பாத்தி	:	தெப்பம் அல்லது ஆண்பாத்தியில் இருந்து விடப்படும் உப்புநீர் தேங்கும் பாத்தி. இப்பாத்தியில் தான் உப்பு விளையும்.
வாருபலகை	:	பெண்பாத்தியில் விளையும் உப்பை வாருவதற்குப் பயன்படுத்தப்படும் மரத்தாலான கருவி. பெரும்பாலும் கருவேல மரத்தால் செய்யப்படும்.

●

பின்னிணைப்பு 6

வேதாரண்யம் உப்பு அறப்போர் : சில திரைமறைவு நிகழ்வுகள்

வேதாரண்யம் உப்பு அறப்போரைத் தலைமையேற்று நடத்திய ராஜாஜி அதை முற்றிலும் தன் கட்டுப்பாட்டிற்குள் வைத்திருக்க விரும்பியுள்ளார். 'திரு.வி.க. வாழ்க்கைக் குறிப்புகள்' என்ற நூல் இது தொடர்பான சில செய்திகளைத் தெரிவிக்கின்றது. அதை மையமாகக் கொண்டு மேலும் இது குறித்து விரிவாக ஆராய இடமுள்ளது. அந்நூலில் இடம்பெற்றுள்ள செய்திகள் வருமாறு;

வேதாரண்யம்

தமிழ்நாட்டில் சத்தியாக்கிரகக் போருக்கு உரிய களனாக வேதாரண்யம் குறிக்கப்பட்டது. இராஜகோபாலாச்சாரியார் தண்டுகளுடன் திரிச்சியினின்றும் புறப்பட்டார்.

சிதம்பரத் தண்டு (படை)

சிதம்பரத்தினின்றும் ஒரு தண்டை நடாத்திச் செல்லத் தண்டபாணி பிள்ளை உள்ளிட்ட சிலர் முயன்றனர். அதற்கு என் தலைமை விரும்பப்பட்டது. அவ்விருப்பத்தைக் குலைக்க என் மனம் எழவில்லை. அதே சமயத்தில் இராஜகோபாலாச்சாரியார் பிடிபட்டதும் தொடர்ந்த போருக்கு யான் நியமிக்கப் பட்டிருக்கிறேன் என்று கேள்வியுற்றேன். இராஜகோபாலாச்சாரியார் கடிதம் எழுதவில்லை; வேறு வழியாகத் தெரியப் படுத்தவுமில்லை. எனது நியமனம் வெறும் வதந்தி என்று கருதினேன். எதற்குஞ் சித்தமாயிருக்கலாமென்று எண்ணினேன்.

திரிச்சியினின்றும் புறப்பட்ட படையையன்றி வேறு படைகள் யாண்டும் திரளலாகாதென்றும், அவை வேதாரண்யம் நோக்கலாகாதென்றும் ஓர் அறிக்கை இராஜகோபாலாச்சாரியாரிடமிருந்து வெளிவந்தது. ஆச்சாரியாருக்குப் பின்னர் கே. சந்தானம் நியமிக்கப்பட்ட செய்தியும் எட்டியது. சிதம்பர

முயற்சி சிதறியது. எழுந்த என் உள்ளமும் விழுந்தது. நிகழ்ந்தன இவ்வளவே.

பத்திரிகைத் திருவிளையாடல்

பத்திரிகை உலகம் திருவிளையாடல் புரியத் தொடங்கியது. சில பத்திரிகைகள், 'கலியாணசுந்தர முதலியார் மூட்டை முடிச்சுகளைக் கட்டிக்கொண்டு சித்தமாயிருந்தார்; ஏமாற்றப் பட்டார். ஒரு பிராமணரல்லாதார் தலைமை பூண்டு படையைத் திரட்டிச் செல்லப் பிராமணர் கண் பார்க்குமோ' என்று எழுதின. வேறு சில பத்திரிகைகள், 'முதலியார் வேதாரண்யம் புறப்பட்டுவிட்டார்' என்று திரித்தன. மற்றுஞ் சில பத்திரிகைகள் உண்மையை வெளியிட்டன. பத்திரிகைச் செய்திகள் நாட்டைக் குழப்பின. போர் முடியுந் தறுவாயில் எனக்கு அழைப்புக்கள் வந்தன. அவைகள் என் மனத்தைக் கவரவில்லை.

இராஜகோபாலாச்சாரியார் விடுதலையடைந்த பின்னர் என்னைக் கண்டனர்; உடல் நிலையை விசாரித்துத் தொல் காப்பியப் பொருளதிகார நூல் பெற்றுச் சென்றனர்; மீண்டுஞ் சிறைப்பட்டனர்.

– (திரு.வி.க. வாழ்க்கைக் குறிப்புக்கள் 1969 பக்: 396 – 397)

○

1930–ம் ஆண்டு உப்புச் சத்தியாக்கிரக ஆண்டு! சக்கரவர்த்தி இராஜகோபாலாச்சாரியாரிடத்திலிருந்து ஓர் அறிக்கை பிறந்தது. அதில் தமிழ்நாட்டில் வேதாரண்யம் தவிர மற்ற இடங்களில் சத்தியாக்கிரகம் நிகழ்தல் கூடாது என்று குறிக்கப் பட்டிருந்தது. அவ்வறிக்கை சண்முகானந்தரைக் கட்டுப்படுத்த வில்லை. அவர் ஒரு கூட்டத்தைத் திரட்டிச் சோழங்கநல்லூர் போந்து, சத்தியாக்கிரகஞ் செய்து சிறைக்கோட்டம் நண்ணினார். சட்ட மீறலுக்குச் சட்டமீறல் நடந்தது என்று யான் நினைத்தேன்.

– (மேலது பக்: 858)

●

துணைநூற்பட்டியல்

அ. ஆங்கிலம்

Aggarwal .,S.C. (1976), *The Salt Industry in India*, Government of India Press, New Delhi.

Anil Dharker (2005), *The Romance of Salt*, Lotus Collection, Roli Books.

Balai Barui (1985), *The Salt Industry of Bengal: 1757-1800*, K.P. Bagchi & Company, Calcutta.

Bipan Chandra (1991), *The Rise and Growth of Economic Nationalism in India*, People's Publishing House, New Delhi.

Don Yoder (1968), Folk Medicine, *Folklore and Folk life an Introduction*, Ed. Richard M. Dorson. The University of Chicago Press, Chicago and London.

Gopinatha Rao., T.A. (1992), *Travancore Archaeological Series*, (Volume two & three), Department of Cultural Publications, Government of Kerala, Tiruvananthapuram.

Jones, Ernest (1951), The Symbolic Significance of salt in Folklore and Superstition, *Essays in Applied Psycho - analysis*, The Hogarth Press Ltd., London.

Jeyaraj .,K.V. (1984), *A History of Salt Monopoly in Madras Presidency (1805-1878)*, Ennes Publications, Madurai.

Madhu Kishwar (2009), Gandhi and Women's Role in the Struggle for Swaraj, *Nationalist Movement in India - A Reader*, Ed. Sekhar Bandyopadhyaya.

Mark Kurlansky (2007), *Salt : A World History,* Vintage Books, London.

Raja Mohamad .,J. (2004), *Maritime History of the Coromandel Muslims,* Director of Museums, Government Museums,Chennai.

Sarojini Sinha (2005), *A Pinch of Salt Rocks an Empire,* Children's Book Trust, New Delhi.

Sebastian (1997), Salt - Disciples of Jesus, *Bible Bhashyam - South Indian Inscriptions* (தென்னிந்தியக் கல்வெட்டுக்கள்), Volume - VIII, Archaeological Survey of India.

Srinivasa Raghavaiyangar .S (1988), *Memorandum on the Progress of the Madras Presidency, During the Last Forty years of British Administration,* Asian Educational Services, New Delhi.

ஆ. தமிழ்

அப்பாக்குட்டி .வே (பதிப்பாசிரியர்) (ஆண்டு இல்லை), *வேதாரண்யம் உப்புச் சத்தியாகிரகம்.*

அம்பேத்கர் *(1999), பாபாசாகேப் டாக்டர் அம்பேத்கர் (தொகுதி 9),* டாக்டர் அம்பேத்கர் பவுண்டேஷன், புதுடில்லி.

அன்னகாமு *(1960), ஏட்டில் எழுதாக் கவிதைகள், சர்வோதய வெளியீடு,* தஞ்சை.

அந்திரெயெவ் *(1987), எங்கெல்சின் குடும்பம் தனிச்சொத்து, அரசு ஆகியவற்றின் தோற்றம் என்னும் நூல்,* முன்னேற்றப் பதிப்பகம், மாஸ்கோ.

இராமநாதன் ஆறு *(1988), வரலாற்று நிலவியல் ஆய்வுமுறை அறிமுகமும் ஆய்வுகளும்,* தஞ்சாவூர்.

எட்கர் தர்ஸ்டன் (மொழி பெயர்ப்பு – க. ரத்னம்) *(2005), தென்னிந்தியக் குலங்களும் குடிகளும் (தொகுதி 7),* தமிழ்ப் பல்கலைக்கழகம், தஞ்சாவூர்.

கதிரேசச் செட்டியார் (மொழிபெயர்ப்பாசிரியர்), *கௌடல்யம் பொருள் நூல்,* அண்ணாமலைப் பல்கலைக்கழகம், அண்ணாமலை நகர், மதுரை.

கிருஷ்ண மூர்த்தி *(1991), படுகர் திருமணம், தாமரை,* (மே 1991 தொகுதி 32 இதழ் 5), சென்னை.

கோசாம்பி .டி.டி. *(1989), பண்டைய இந்தியா அதன் பண்பாடும் நாகரிகமும் பற்றிய வரலாறு* (மொழிபெயர்ப்பு நூல்), நியூ செஞ்சுரி புக் ஹவுஸ் பிரைவேட் லிமிடெட், சென்னை.

சண்முகம் .ப *(1997), பொருளியல்,* தமிழ்நாட்டு வரலாறு ஆசிரியர் குழு, தமிழ் வளர்ச்சி இயக்ககம், சென்னை.

சின்னப்பன் (2005), *நாட்டுப்புற வழக்காறுகள் காட்டும் தமிழக வரலாறு* (அச்சிடப்படாத முனைவர் பட்ட ஆய்வேடு), தமிழ்ப் பல்கலைக்கழகம், தஞ்சாவூர்.

சோமலெ (2002), *சர்தார் வேதரத்தினம்*, மணிவாசகர் பதிப்பகம், சென்னை.

சௌரிராஜன். மு (பதிப்பாசிரியர்) (1992), *பதார்த்த குணபாடம்*, சரசுவதி மகால் நூலகம், தஞ்சாவூர்.

தமிழ்ச் செல்வி. சு (2002), *அளம்*, மருதா, சென்னை.

திரு.வி. கலியாணசுந்தரனார் (1969), *திரு.வி.க. வாழ்க்கைக் குறிப்புக்கள்* தொகுதி 1, தொகுதி 2, திருநெல்வேலித் தென்னிந்திய சைவசித்தாந்த நூற்பதிப்புக் கழகம், சென்னை.

திருலோக சீதாராம் (மொழிபெயர்ப்பாளர் 2006), *மனுதர்ம சாஸ்திரம்*, அலைகள் வெளியீட்டகம், சென்னை.

தேவநேயன் (1992), *சொல்லாராய்ச்சிக் கட்டுரைகள்*, சை.சி நூற்பதிப்புக் கழகம், சென்னை.

தேவராஜ். D (2005), *உப்புச் சத்தியாக்கிரக வீர வரலாறு*, 25, இரண்டாம் தெரு, திருவள்ளுவர் நகர், பழங்காநத்தம், மதுரை – 625003.

நடன. காசிநாதன் (1994), *திருமலைநாயக்கர் செப்பேடுகள்*, தமிழ்நாடு அரசு தொல்பொருள் ஆய்வுத்துறை, சென்னை – 600 113.

பிள்ளை. கே.கே (1981), *தமிழக வரலாறு மக்களும் பண்பாடும்*, தமிழ்நாட்டுப் பாடநூல் நிறுவனம், சென்னை.

மகாலிங்கம். தே.வே (1990), *விஜயநகரப் பேரரசில் நிலைபெற்றிருந்த பொருளாதார வாழ்க்கை வரலாறு*, நியூ செஞ்சுரி புக் ஹவுஸ் பிரைவேட் லிமிடெட், சென்னை.

முருகபூபதி. ச (2000), *மதுரகவி பாஸ்கரதாஸ், விடுதலை வேள்வியில் தமிழகம்*, ஸ்டாலின் குணசேகரன். த (பதிப்பாசிரியர்), நிவேதிதா பதிப்பகம், ஈரோடு.

ராஜம் கிருஷ்ணன் (1979), *கரிப்புமணிகள்*, தமிழ்ப் புத்தகாலயம், சென்னை.

வானமாமலை. நா (1976), *தமிழர் நாட்டுப் பாடல்கள்*, நியூ செஞ்சுரி புக் ஹவுஸ் பிரைவேட் லிமிடெட், சென்னை.

விஜயவேணுகோபால். ஜி (பதிப்பாசிரியர்) (2006), *புதுச்சேரி மாநிலக் கல்வெட்டுக்கள்*, பிரஞ்சு இந்தியவியல் ஆய்வு நிலையம், புதுச்சேரி.

வீரமணி, பா. முத்துகுணசேகரன் (2006), *சிங்காரவேலர் சிந்தனைகள்*, நியூ செஞ்சுரி புக் ஹவுஸ் பிரைவேட் லிமிடெட், சென்னை.

ஜகந்நாதன். கி.வா. (1975), *மலையருவி*, சரஸ்வதி மகால், தஞ்சை.

ஜெயராஜ். எஸ் (2005), *மகாத்மாகாந்தி உப்புச் சட்டமறுப்பு உரைகள்*, காந்தி நினைவு அருங்காட்சியகம், மதுரை.

ஸ்ரீதர கணேசன் (1995), *உப்புவயல்*, நியூ செஞ்சுரி புக் ஹவுஸ் பிரைவேட் லிட்., சென்னை.

ஸ்ரீதர்.தி.ஸ்ரீ (பதிப்பாசிரியர்) (2006), *தமிழ் – பிராமி கல்வெட்டுகள்*, தமிழ்நாடு அரசு தொல்லியல் துறை, சென்னை.

●